M. Böken

Monika und Erhard Hirmer

Bewegung Verdauung

umweltfreundlich
auf chlorfreiem Papier

ISBN 3-89291-**927**-5

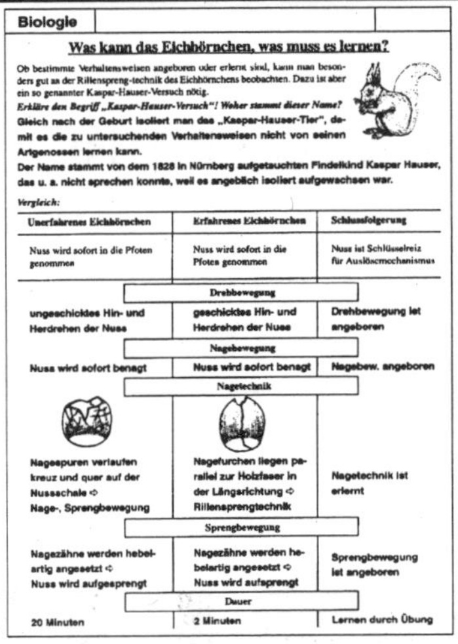
Biologie

Was kann das Eichhörnchen, was muss es lernen?

Unerfahrenes Eichhörnchen	Erfahrenes Eichhörnchen	Schlussfolgerung
Nuss wird sofort in die Pfoten genommen	Nuss wird sofort in die Pfoten genommen	Nuss ist Schlüsselreiz für Auslösemechanismus
Drehbewegung		
ungeschicktes Hin- und Herdrehen der Nuss	geschicktes Hin- und Herdrehen der Nuss	Drehbewegung ist angeboren
Nagebewegung		
Nuss wird sofort benagt	Nuss wird sofort benagt	Nagebew. angeboren
Nagetechnik		
Nagespuren verlaufen kreuz und quer auf der Nussschale ⇨ Nage-, Sprengbewegung	Nagefurchen liegen parallel zur Holzfaser in der Längsrichtung ⇨ Rillensprengtechnik	Nagetechnik ist erlernt
Sprengbewegung		
Nagezähne werden hebelartig angesetzt ⇨ Nuss wird aufgesprengt	Nagezähne werden hebelartig angesetzt ⇨ Nuss wird aufgesprengt	Sprengbewegung ist angeboren
Dauer		
20 Minuten	2 Minuten	Lernen durch Übung

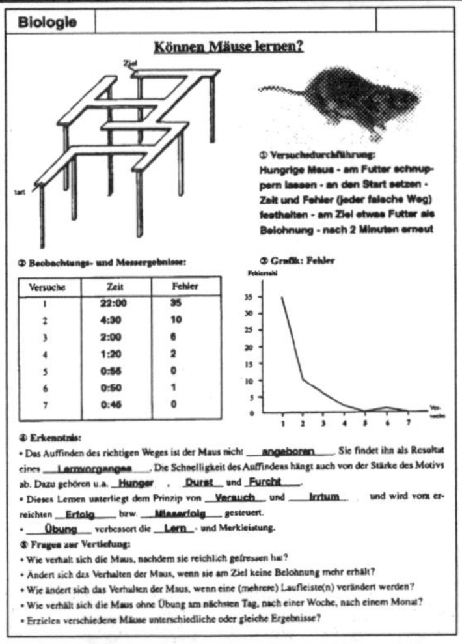
Biologie

Können Mäuse lernen?

Versuche	Zeit	Fehler
1	22:00	35
2	4:30	10
3	2:00	6
4	1:20	2
5	0:56	0
6	0:50	1
7	0:46	0

Inhaltsübersicht:

1. Verhaltenslehre ein Überblick, 2. Verhaltenslehre und ihre wichtigsten Vertreter, 3. Lernen durch Versuch und Irrtum (Übung): Können Mäuse lernen?, Tiere lernen durch Dressur, Was kann das Eichhörnchen, was muss es lernen, 4. Angeborene Verhaltensweisen bei Tieren: Schlüsselreize und Auslösungsmechanismen, Die Eirollbewegung der Graugans, Das Rätsel des Vogelfluges, Wie verständigen sich Bienen?, 5. Lernen durch Prägung: Warum laufen Gänseküken Menschen nach?, 6. Lernen durch Einsicht: Können Tiere „denken"?, 7. Wir vergleichen tierisches und menschliches Verhalten: Ähnlich, aber nicht gleich, 8. Soziale Rangordnungen bei Tier und Mensch, 9. Instinkthandlungen beim Menschen?, 10. Sind Tiere so, wie wir sie einschätzen?

Biologie - Verhaltenslehre
Nr. 926 *92 Seiten* **€ 16,90**

Inhaltsübersicht:

Nikotin/Rauchen
1. Warum rauchen Menschen überhaupt?, 2. Wie gefährlich ist das Rauchen? (1) Bestandteile der Zigarette und deren Wirkungen auf den Körper, 3. Wie gefährlich ist das Rauchen? (2) Gesundheitliche Schäden, 4. Rauchen - Nein, danke!, Möglichkeiten der Entwöhnung, 5. Projektunterricht: Rauchen (mit Ausstellung), 6. Lernzielkontrolle: Nikotin/Rauchen

Alkohol
1. Alkohol in unserer Gesellschaft - geduldet, erlaubt oder gar erwünscht?, 2. Warum ist Alkohol so gefährlich? (1) Wirkung des Alkohols auf den Organismus, 3. Warum ist Alkohol so gefährlich? (2) Folgen übermäßigen Alkoholgenusses, 4. Alkohol im Straßenverkehr - kein Kavaliersdelikt?, 5. Alkoholismus - heilbar?, 6. Lernzielkontrolle: Alkohol Quellenangaben/Literaturverzeichnis/Bildverzeichnis/Benotungstabelle

Nikotin und Alkohol
Nr. 456 *108 Seiten* **€ 16,90**

Inhaltsübersicht:

Drogen
1. Warum nehmen Menschen überhaupt Drogen?
2. Arten von Drogen und ihre Wirkung auf den menschlichen Organismus
3. Wirkung von Rauschgiften auf den Körper
4. Der Teufelskreis der Drogen - im Sog der Sucht
5. Es geht auch ohne Drogen - und viel besser!
6. Lernzielkontrolle: Drogen

Arzneimittel
1. Arzneimittel - ungefährlich?
2. Lernzielkontrolle: Arzneimittel
Quellenverzeichnis/Literaturangaben/Bildverzeichnis
Benotungstabelle

Drogen und Arzneimittel
Nr. 457 *80 Seiten* **€ 15,50**

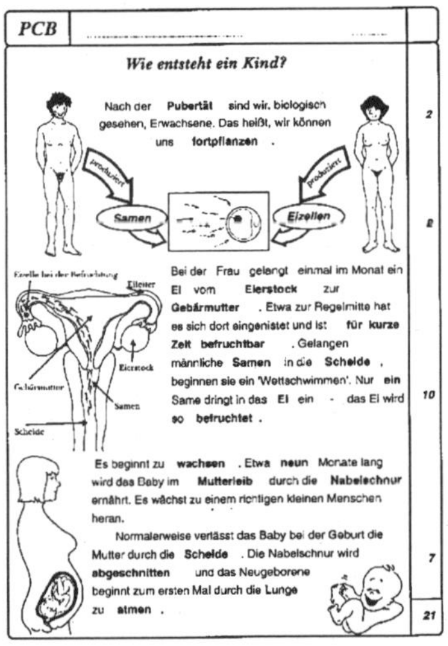
PCB

Wie entsteht ein Kind?

Nach der Pubertät sind wir biologisch gesehen, Erwachsene. Das heißt, wir können uns fortpflanzen.

Bei der Frau gelangt einmal im Monat ein Ei vom Eierstock zur Gebärmutter. Etwa zur Regelmitte hat es sich dort eingenistet und ist für kurze Zeit befruchtbar. Gelangen männliche Samen in die Scheide, beginnen sie ein 'Wettschwimmen'. Nur ein Same dringt in das Ei ein - das Ei wird so befruchtet.

Es beginnt zu wachsen. Etwa neun Monate lang wird das Baby im Mutterleib durch die Nabelschnur ernährt. Es wächst zu einem richtigen kleinen Menschen heran.

Normalerweise verlässt das Baby bei der Geburt die Mutter durch die Scheide. Die Nabelschnur wird abgeschnitten und das Neugeborene beginnt zum ersten Mal durch die Lunge zu atmen.

Inhaltsübersicht:

5. Jahrgangsstufe
- Sonne, Tag und Nacht, Jahreszeiten
- Die Haut
- Wärme 1
- Wärme 2
- Wärme 3
- Wärme 4
- Das Skelett des Menschen
- Bewegung des Menschen
- Rund ums Fahrrad
- Tiere
- Pflanzen 1
- Pflanzen 2
- Stoffe kennen und unterscheiden
- Stoffe trennen
- Abfall - Wertstoff

6. Jahrgangsstufe
- Wasser
- Wasserqualität
- Leben am und im Wasser
- Fische und Frösche
- Pflanzen- und Tierzellen
- Leben in Gewässern
- Licht
- Das menschliche Auge
- Augen und Linsen
- Farben
- Schall
- Das Ohr
- Geschlechtsorgane/Pubertät
- Wie entsteht ein Kind?

P•C•B *Lernzielkontrollen* **5./6.**
Nr. 935 *64 Seiten* **€ 13,90**

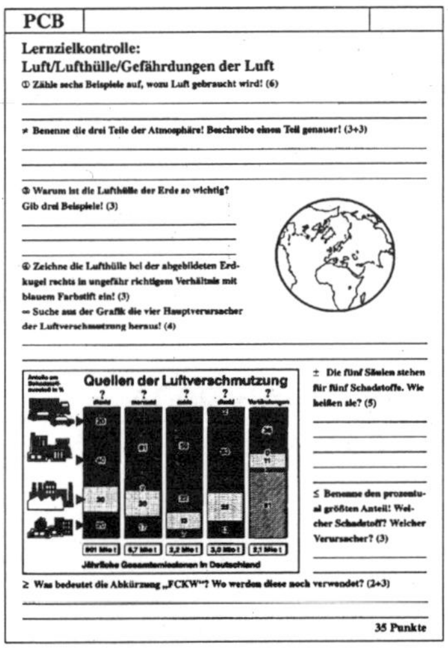
PCB

Lernzielkontrolle: Luft/Lufthülle/Gefährdungen der Luft

Quellen der Luftverschmutzung

35 Punkte

Inhaltsübersicht:

Physik - Chemie - Biologie 7. Jahrgangsstufe
1. Luft/Lufthülle/Gefährdungen der Luft
2. Schutz der Luft/Zusammensetzung
3. Physikalische Eigenschaften der Luft
4. Atmung
5. Blut/Blutkreislauf
6. Herz/Herzinfarkt
7. Warum können Vögel so gut fliegen?
8. Verbrennung/Brandschutz
9. Wetter
10. Elektrizität/Ladung
11. Spannung/Stromstärke
12. Kräfte/Reibung/Arbeit
13. Hebel/Rollen

Probearbeit I
Probearbeit II

Physik - Chemie - Biologie 8. Jahrgangsstufe
1. Die Bedeutung des Bodens
2. Mikroorganismen des Bodens
3. Der Regenwurm - ein fleißiger Gärtner
4. Was sind Zeigerpflanzen?
5. Bodenhorizonte und Bodentypen/Versuche zum Boden
6. Heimische Nadel- und Laubbäume
7. Säugetiere und Vögel des Waldes
8. Bedeutung des Waldes
9. Säuren/Laugen/Salze
10. Infektionskrankheiten
11. Verdauung
12. Elektromagnetismus
13. Elektrische Induktion/Leistung und Energie
14. Nikotin/Alkohol/Drogen

Probearbeit I
Probearbeit II

Physik - Chemie - Biologie 9. Jahrgangsstufe
1. Kommunikations- und Informationstechnik
2. Sinnesorgane
3. Gehirn
4. Zellen - Bausteine der Lebewesen
5. Aufbau der Materie
6. Radioaktivität
7. Individualentwicklung des Menschen
8. Evolution des Menschen
9. Organische Rohstoffe
10. Kunststoffe
11. Kraft als Ursache für Bewegungsänderung
12. Energieumwandlung

Probearbeit I
Probearbeit II

P•C•B *Lernzielkontrollen* **7-9**
Nr. 933 *118 Seiten* **€ 17,50**

Inhaltsverzeichnis

THEMA Die Teile unseres Skeletts

LERNZIELE

- Die wichtigsten Knochen am eigenen Körper finden und benennen
- Gelenke finden und benennen
- Begriffe Skelett, Knochengerüst, Gelenk
- Erkennen, dass die Skelette anderer Säuger ähnlich angelegt sind

ARBEITSMITTEL / LITERATUR

Arbeitsblatt, Bastelbogen, Folie, Skelett

Karl Haug: Der Mensch und seine Umwelt, Braunschweig, 1977

FOLIE

Mein Knochengerüst

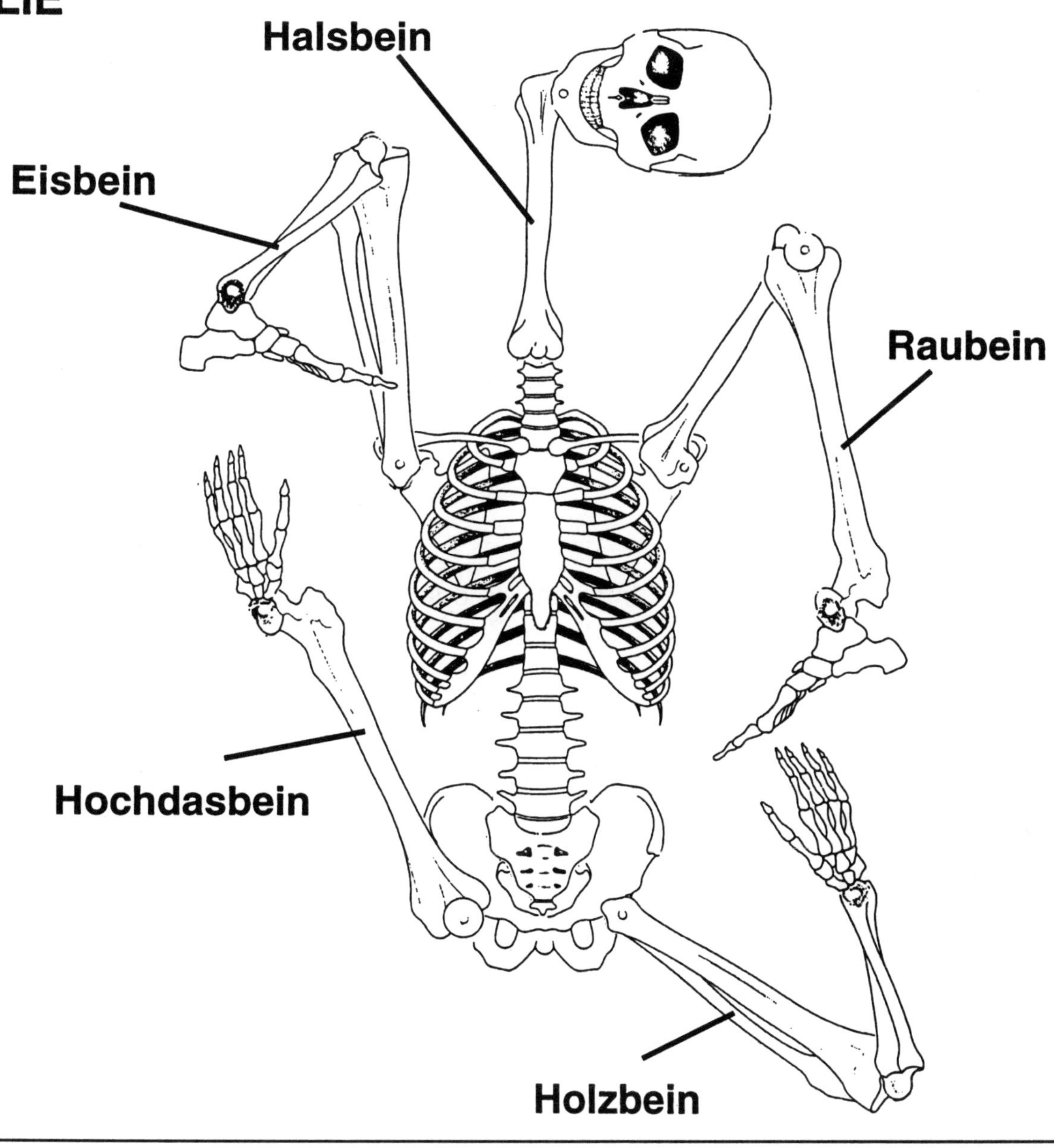

S T U N D E N V E R L A U F

I. Hinführung

Provokation	Folienbild FUG	Falsch zusammengesetztes Skelett - Begriffe " Knochengerüst", " Skelett " - erste Benennungen der Knochen
Zielangabe	TA	**Der Aufbau unseres Skeletts**

II. Erarbeitung

Materialvorbereitung	EA	Herstellen der Skelettteile aus dem Bastelbogen
Zuordnen	PA, Skelett, Bastelteile, AB	- Schü versuchen, das Skelett mit Hilfe des Kunststoffskeletts und des AB - Bildes zusammenzubauen
Benennen Lokalisieren	UG, AB Wortkarten	- "Beschriften" der Skelette, Anhängen von Wortkarten an Kunststoffskelett Suchen der Knochen am Körper
Verbalisierung	UG	z.B. An der Wirbelsäule hängen ....
Sicherung	AB	Zuordnen der Bezeichnungen
Impuls	L	Hinweis auf die beweglichen Teile im gebastelten Modell: Die "Klammern" kommen auch im echten Skelett vor....
Suchen, Benennen	EA, AB	Gelenke, Bezeichnungen und Platzierung
Zusammenfassung	UG, TA, Infoblatt	Wiederholen und Zuordnen der einzelnen Knochen an vereinfachter Tafelskizze:
Rückgriff	Folie	Erkennen / Benennen der falsch zusammengesetzten Knochen des Folienbildes

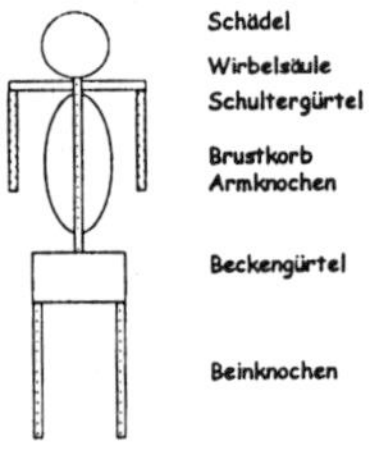

III.Ausweitung

Vergleich, Benennen	AB	Vergleich mit dem Hundeskelett : Bild auf AB Gemeinsamkeiten, Unterschiede

Biologie		

Unser Skelett - die wichtigsten Teile

Skelett bedeutet ________________

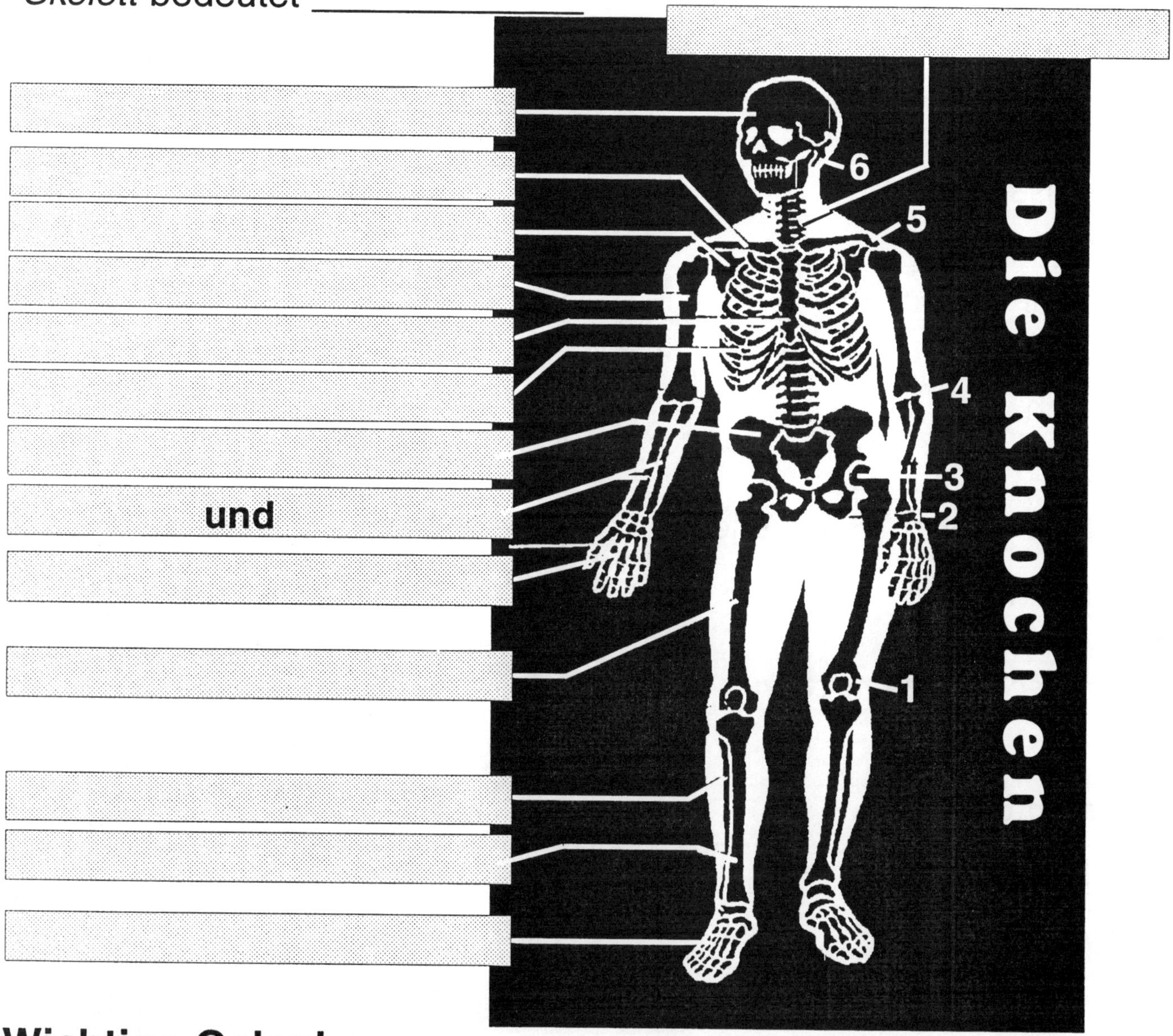

Wichtige Gelenke - wie heißen sie ?

1
2
3
4
5
6

Der Hund, ein anderer Säuger, hat einen ähnlichen Skelettaufbau:

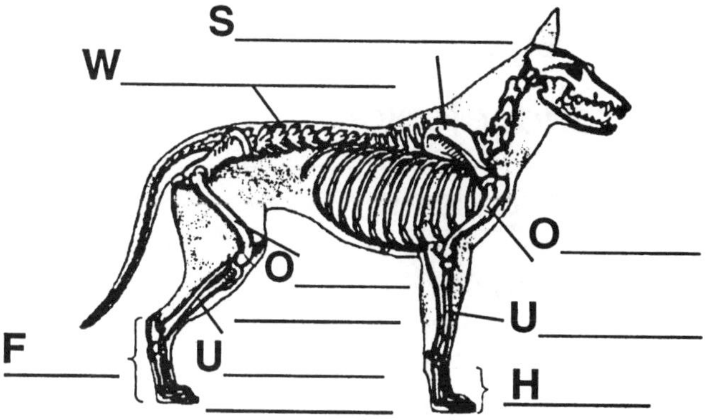

Biologie		

Unser Skelett - die wichtigsten Teile

Skelett bedeutet Knochengerüst

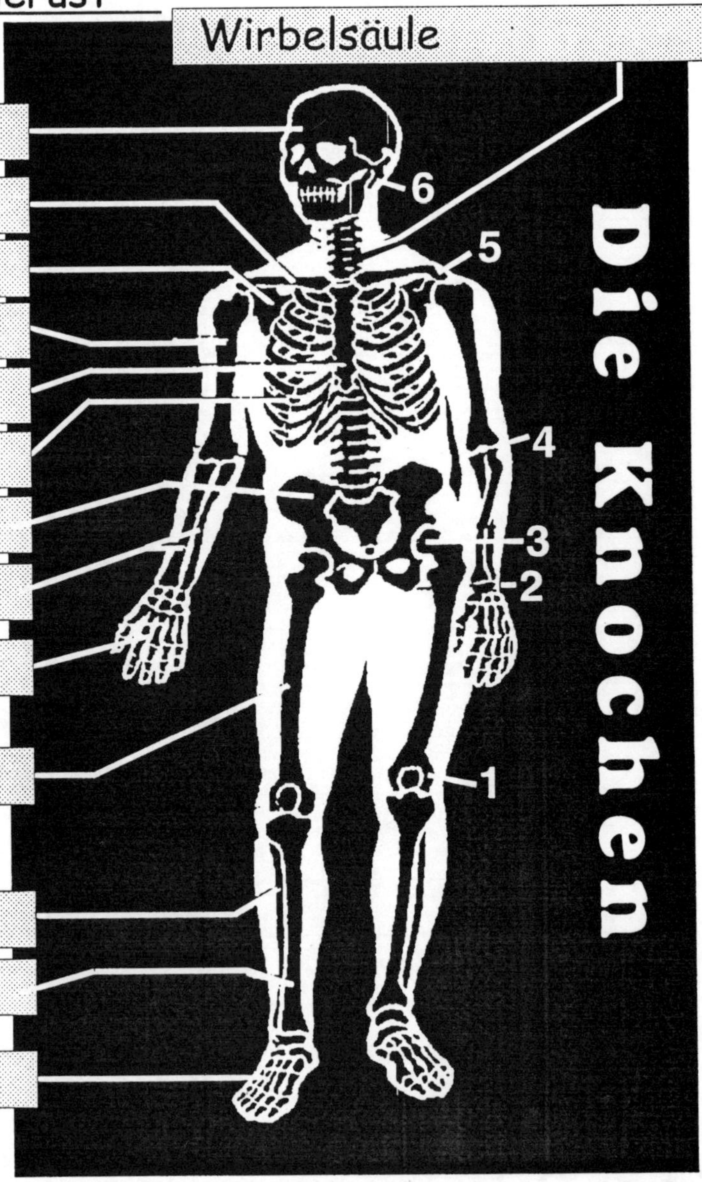

Wichtige Gelenke - wie heißen sie ?

1	Kniegelenk
2	Handgelenk
3	Hüftgelenk
4	Ellbogen
5	Schultergelenk
6	Kiefergelenk

Der Hund, ein anderer Säuger, hat einen ähnlichen Skelettaufbau:

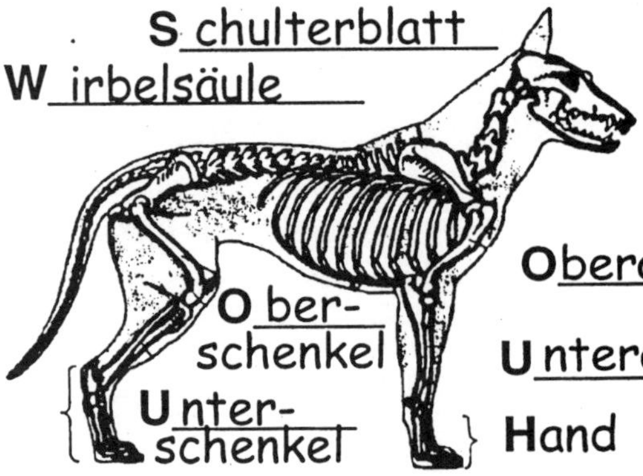

Biologie	Hilfe und Information (1)	

Bastelbogen

Material: eventuell Karton, Musterbeutelklammern

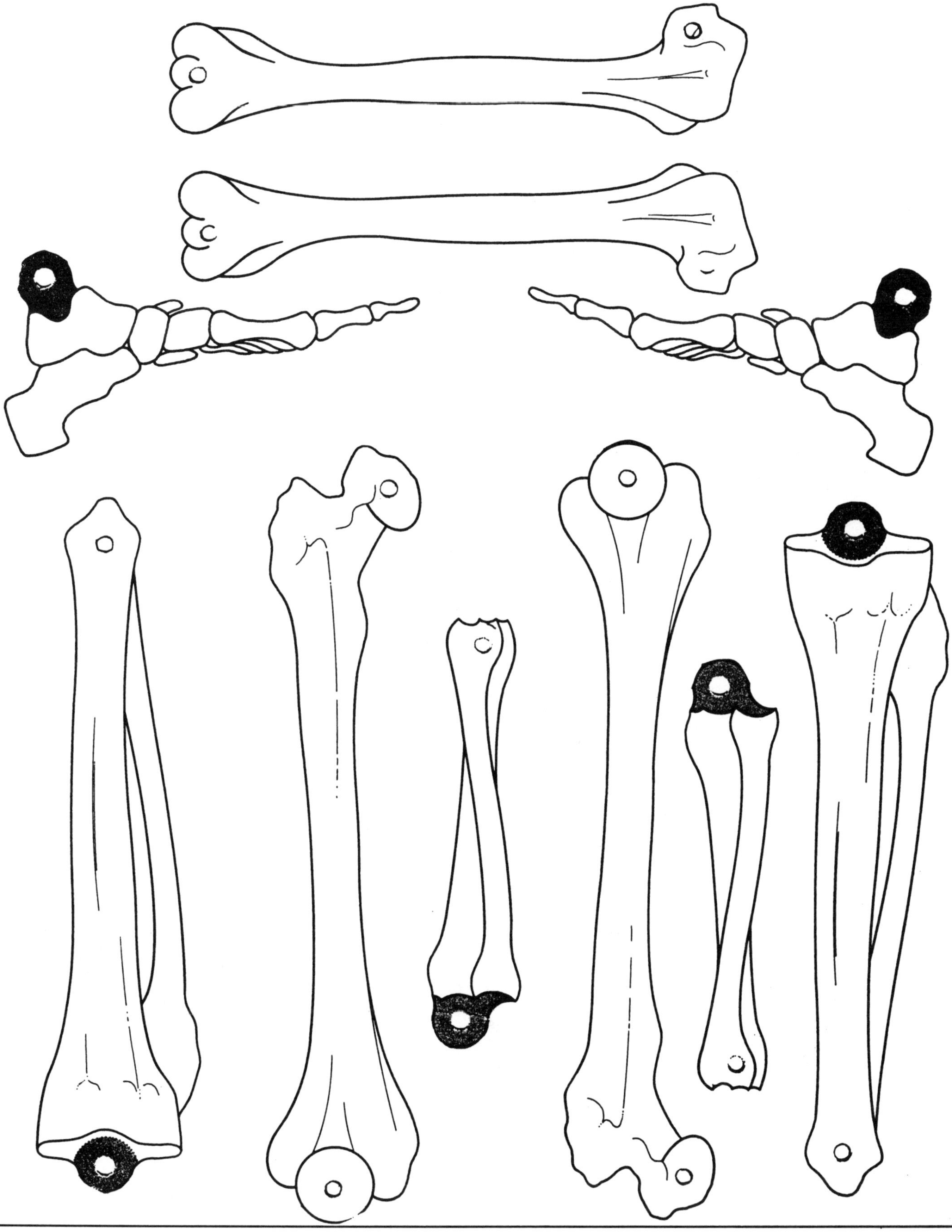

Biologie	Hilfe und Information	

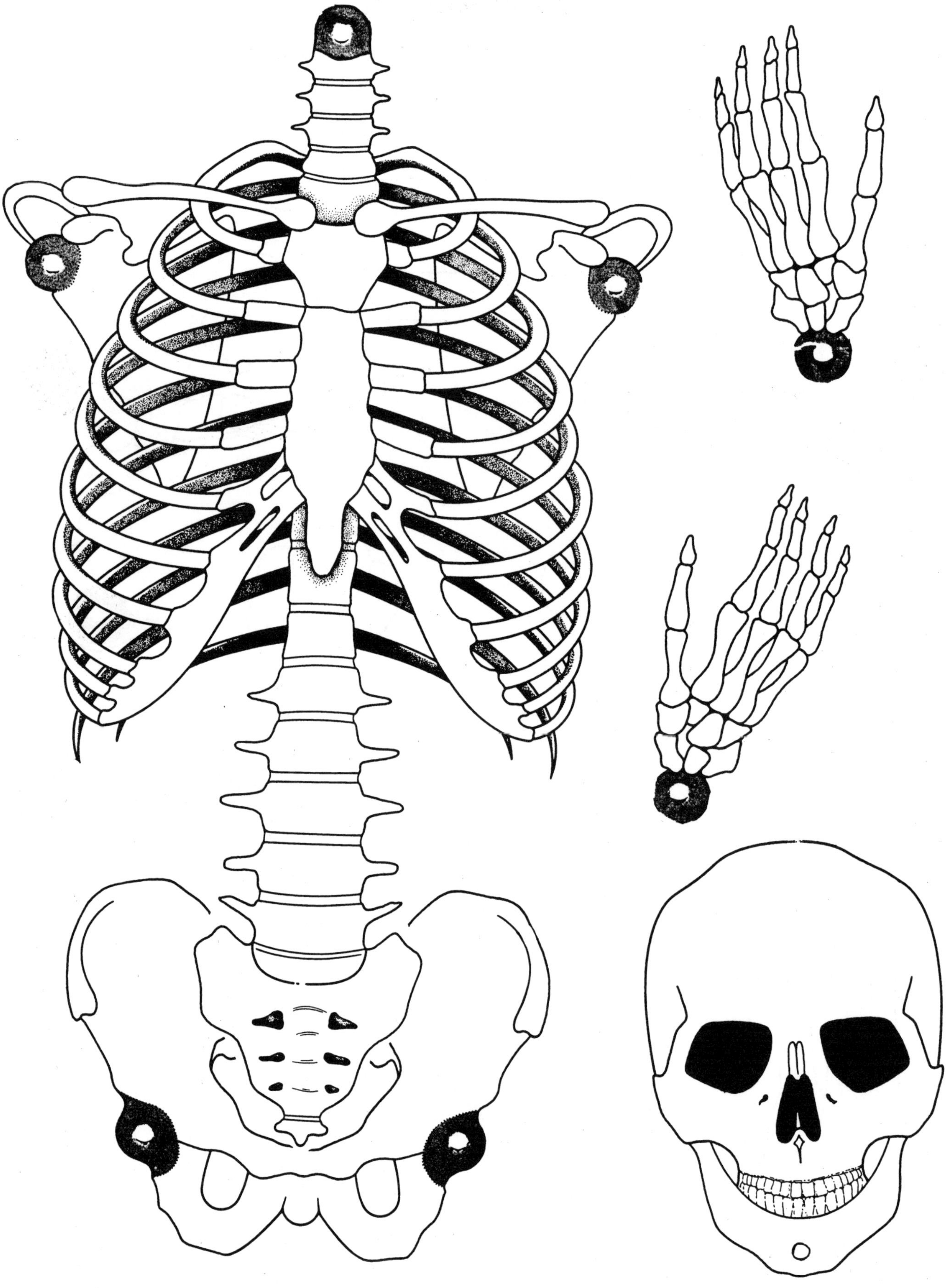

Biologie	Hilfe und Information (2)	

Die Knochen unseres Skeletts

Zehen	28
Mittelfußknochen	10
Fußwurzelknochen	14
Unterschenkel	4
Oberschenkel	2
Becken	6
Fingerknochen	28
Mittelhandknochen	10
Handwurzelknochen	16
Unterarme	4
Oberarme	2
Schultergürtel	4
Brustkorb	25
Wirbelsäule	34
Schädel	25
gesamt	212

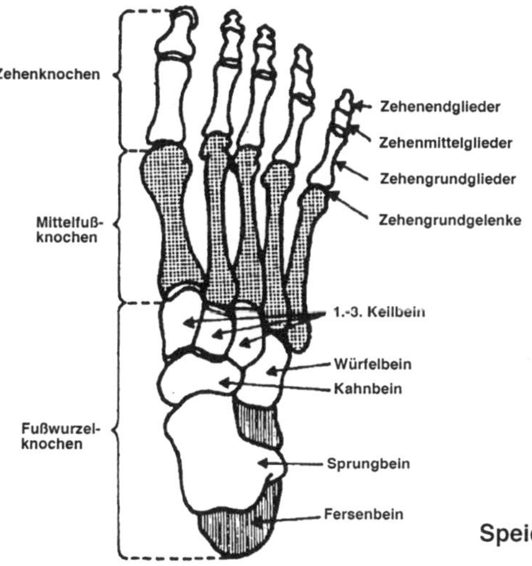

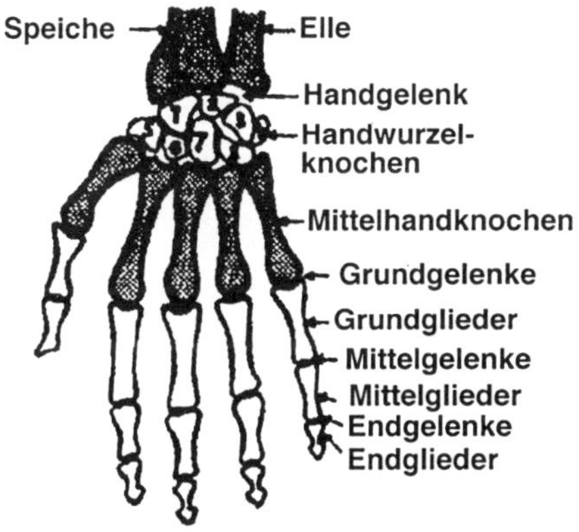

INFO: Unser Skelett

Mehr als 200 Knochen sind zu einem Knochengerüst, dem Skelett zusammengesetzt.

Die *Verbindungen* der Knochen untereinander werden durch Nähte (Schädel), Knorpel (Rippen-Brustbein) oder Gelenke hergestellt.

Knochengerüst und Muskeln werden unter dem Begriff *Stütz- und Bewegungsapparat* zusammengefasst.

Im **Schädel** sind harte Knochenplatten zu einer Schutzkapsel für das Gehirn und wichtige Sinnesorgane wie Auge und Ohr verwachsen. Der einzige bewegliche Knochen des Kopfes ist - ausgenommen die Gehörknöchelchen - der Unterkiefer.

Das **Rumpfskelett** gliedert sich in die Wirbelsäule und den Brustkorb. Die **Wirbelsäule** ist die Hauptstütze unseres Körpers. Durch ihren zusammengesetzten Bau aus einzelnen Wirbeln, die durch Knorpelscheiben miteinander verbunden sind, ist sie stabil und beweglich. Der **Brustkorb** besteht aus 12 Paar Rippen, die an der Wirbelsäule beweglich ansetzen. Die oberen 10 Rippenpaare sind über das Brustbein ringartig verbunden. Am Rumpfskelett sitzt der **Schultergürtel**, der die Arme trägt, und der **Beckengürtel** mit dem Beinskelett. Die Gliedmaßen sind die beweglichsten Teile im ganzen Skelett.

THEMA — Wir können uns bewegen (3 UE)

Knochen, Gelenke und Muskeln

LERNZIELE

- Schutz- und Stützfunktion des Knochengerüsts erklären
- Erkennen, dass zur Bewegung außerdem Gelenke und Muskeln nötig sind
- Das Zusammenwirken der Muskeln bei der Armbewegung verstehen
- Die Funktion der Gelenke erkennen und die Formen am Körper lokalisieren
- Muskeln benennen
- Untersuchungs- und Versuchsaufgaben bewältigen

ARBEITSMITTEL / LITERATUR

Beuger-Strecker-Modell, Drahtfiguren, Modelliermasse,
Knochen, Salzsäure, Bunsenbrenner, Schutzbrille, Waage, Messer
Hähnchenkeulen (roh), Nadeln
AB, Folien, Skelett
FWU 3203076, 1000402, 1000395, 1000396

Ehler, J.B. u.a.: Lehrbuch für den Sanitätsdienst, Augsburg 1973
Haug, Karl: Der Mensch und seine Umwelt, Braunschweig 1977
Jungbauer, Wolfgang: Folienatlas Mensch und Gesundheit, Baierbrunn 1994

TAFELBILD zum 1. Teilziel (Aufgaben des Skeletts)

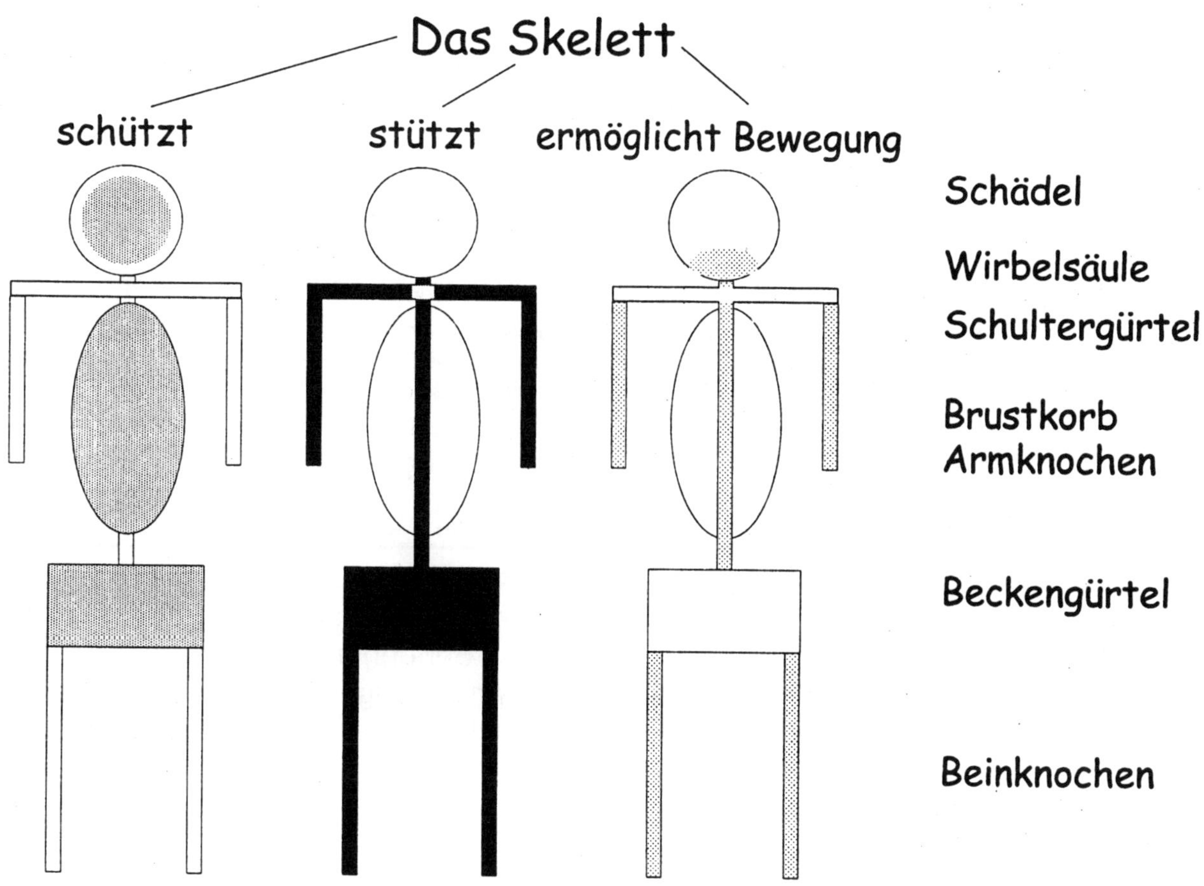

STUNDENVERLAUF

I. Hinführung

Motivation	Folie FUG	Dem Skelett kann viel passieren ! Gespräch über Knochenbrüche, Einbringen eigener Erfahrungen
Zielfrage	TA	Brauchen wir überhaupt ein Skelett ? Wozu ?

II. Erarbeitung

1. TZ: Aufgaben des Skeletts

Meinungen	UG	
Lösungshilfe	AB	Bilder auf AB: Helm, Zelt, in Bewegung
Entwickeln der	TA	Einzeichnen der drei Aufgaben in drei verschiedenen Farben
dazu:		
Lösungshilfen	ABs Beuger-Modell	- Info Knochenaufbau - Aufbau des Modells nur mit Beuger
Versuche	Materialien,PA	- Versuchsdurchführung (s.Anhang)
Ergebnisse	UG	
Verbalisierung	TA	Erklären der Tafelzeichnung
Fixierung	AB	Lückentexte: Unsere Organe.... / Das Skelett..

2.TZ: Gelenke machen beweglich

Motivation	Drahtfigur,EA	"Unmögliche" Verbiegungen der Drahtfigur auf Tageslichtprojektor, AUSPROBIEREN
Erkenntnisse		* Nur an bestimmten Stellen ist unser Skelett beweglich * Nicht jedes Gelenk lässt sich auf die gleiche Weise abbiegen
Information	Skelett, AB, PA	Gelenkmodelle (s.Anhang); z.B. AA:
Modellbau	Modelliermasse	* Beschreibe, wie sich das jeweilige Gelenk bewegen lässt * Suche das entsprechende Gelenk an deinem Körper * Wo gibt es Gelenke, die ähnlich aussehen ?
Untersuchen	Material, GA	Zerlegen eines Hähnchenlaufs (s.Anhang)
Ergebnisse	UG, AB	Beobachtungsergebnisse fixieren

3. TZ: Zusammenspiel Knochen, Gelenke, Muskeln

Anknüpfung	s.o.	Was ich bei der Zerlegung des Hähnchenlaufs noch gesehen habe
Information	AB, Körper	Tasten, Benennen der Muskeln
Versuche	Modell, Körper EA,PA	s.Anhang: Beuger-Strecker-Modell, Beobachtung der Muskelarbeit am Körper
Verbalisierungen		

III.Anwendungen

Kontrolle	AB	s.Hilfe und Information (1)
Rückgriff		z.B. Verletzungen vermeiden, Erste Hilfe

Biologie

Wozu brauchen wir ein Skelett ?

1. Aufgabe

Es ______________

Was ?

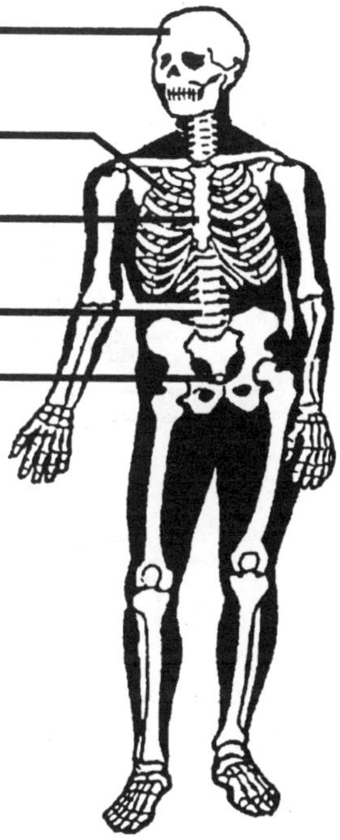

Warum ?

Unsere ____________ sind besonders empfindlich gegen ______ und _______. Eine Verletzung kann leicht zum ________ führen. Deshalb müssen sie besonders gut ___________ werden.

2. Aufgabe

Es ______________

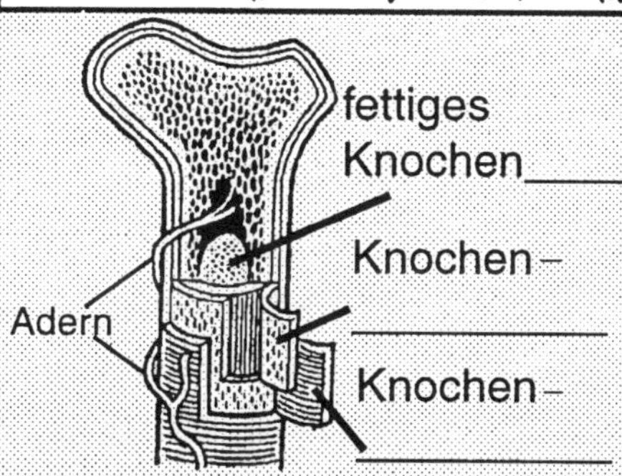

Um diese Aufgabe erfüllen zu können, muss die Knochenrinde besondere Eigenschaften aufweisen:

Versuch 1:
Ein Knochen wird über eine Flamme gehalten;
übrig bleibt __________ Knochenerde.

Versuch 2:
Ein Knochen wird in verdünnte Salzsäure gelegt;
übrig bleibt der ___________ Knochenknorpel.

Das Skelett gibt unserem Körper ________ und ________.

Es ermöglicht uns, ________________ zu gehen.

3. Aufgabe

Es ermöglicht ____________

Dazu brauchen wir außerdem:

____

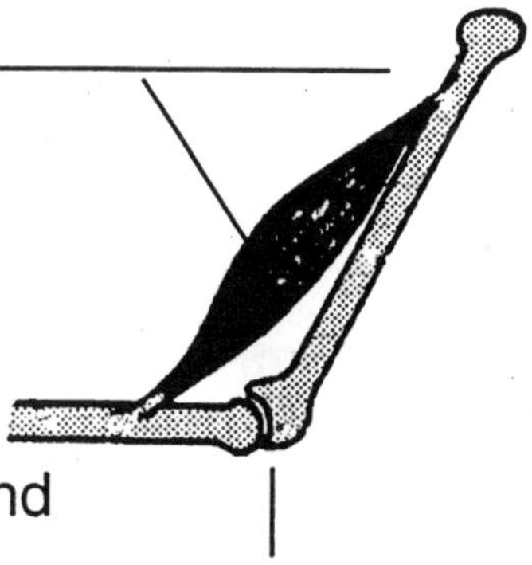

und

____

Untersuche bei dir selbst:
Welche Knochen kannst du bewegen ?
Trage in das Schema Gelenke als **rote Punkte** ein:

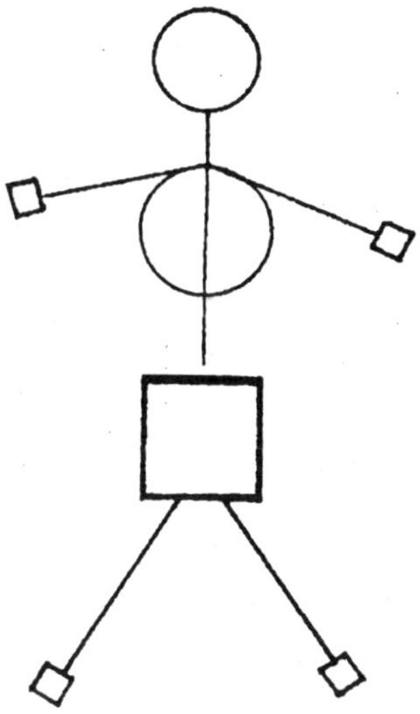

Biologie

Wozu brauchen wir ein Skelett ?

1. Aufgabe
Es __schützt__

2. Aufgabe
Es __stützt__

3. Aufgabe
Es ermöglicht __Bewegung__

Was ?

Gehirn
Herz
Lunge
Rückenmark
Geschlechtsorgane

fettiges Knochen__mark__
Adern
Knochen__rinde__
Knochen__haut__

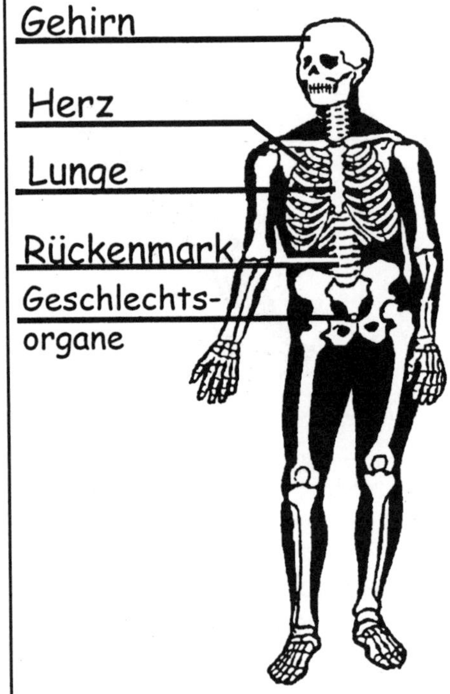

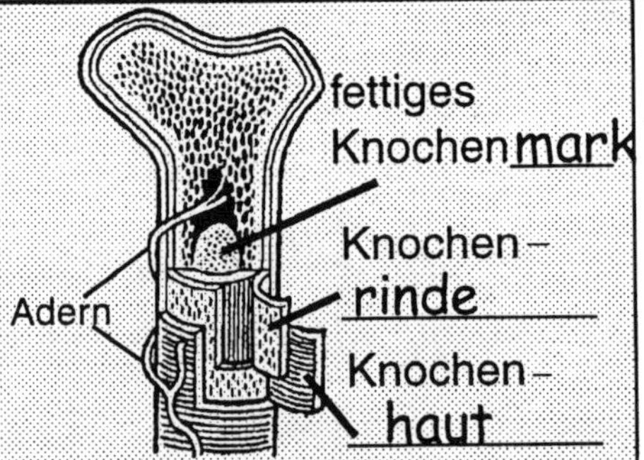

Um diese Aufgabe erfüllen zu können, muss die Knochenrinde besondere Eigenschaften aufweisen:

Versuch 1:
Ein Knochen wird über eine Flamme gehalten;
übrig bleibt __harte__ Knochenerde.

Versuch 2:
Ein Knochen wird in verdünnte Salzsäure gelegt;
übrig bleibt der __biegsame__ Knochenknorpel.

Dazu brauchen wir außerdem:

__Muskeln__

und

__Gelenke__

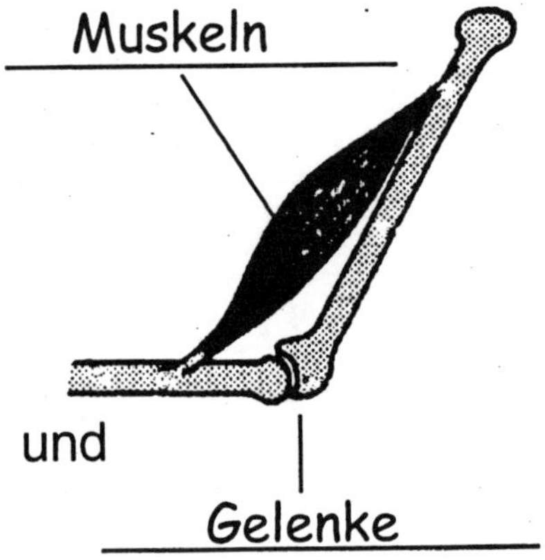

Untersuche bei dir selbst:
Welche Knochen kannst du bewegen?
Trage in das Schema Gelenke als
rote Punkte ein:

Warum ?

Unsere __Organe__ sind besonders empfindlich gegen __Stoß__ und __Schlag__. Eine Verletzung kann leicht zum __Tod__ führen. Deshalb müssen sie besonders gut __geschützt__ werden.

Das Skelett gibt unserem Körper __Form__ und __Halt__.
Es ermöglicht uns, __aufrecht__ zu gehen.

© pb-Verlag, Bewegung Verdauung

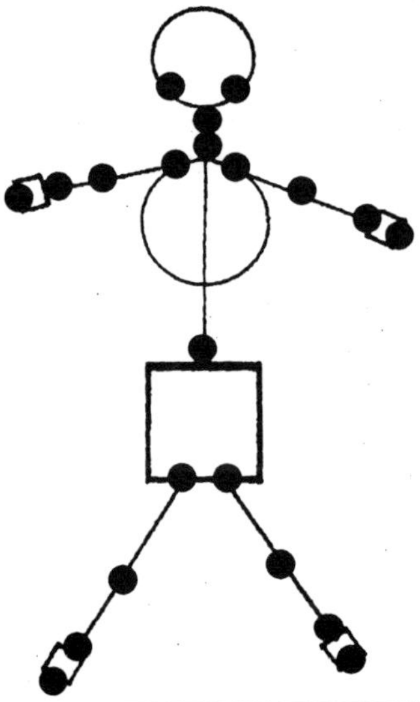

Biologie		

Gelenke machen beweglich !

Die Formen am Beispiel unseres Armes

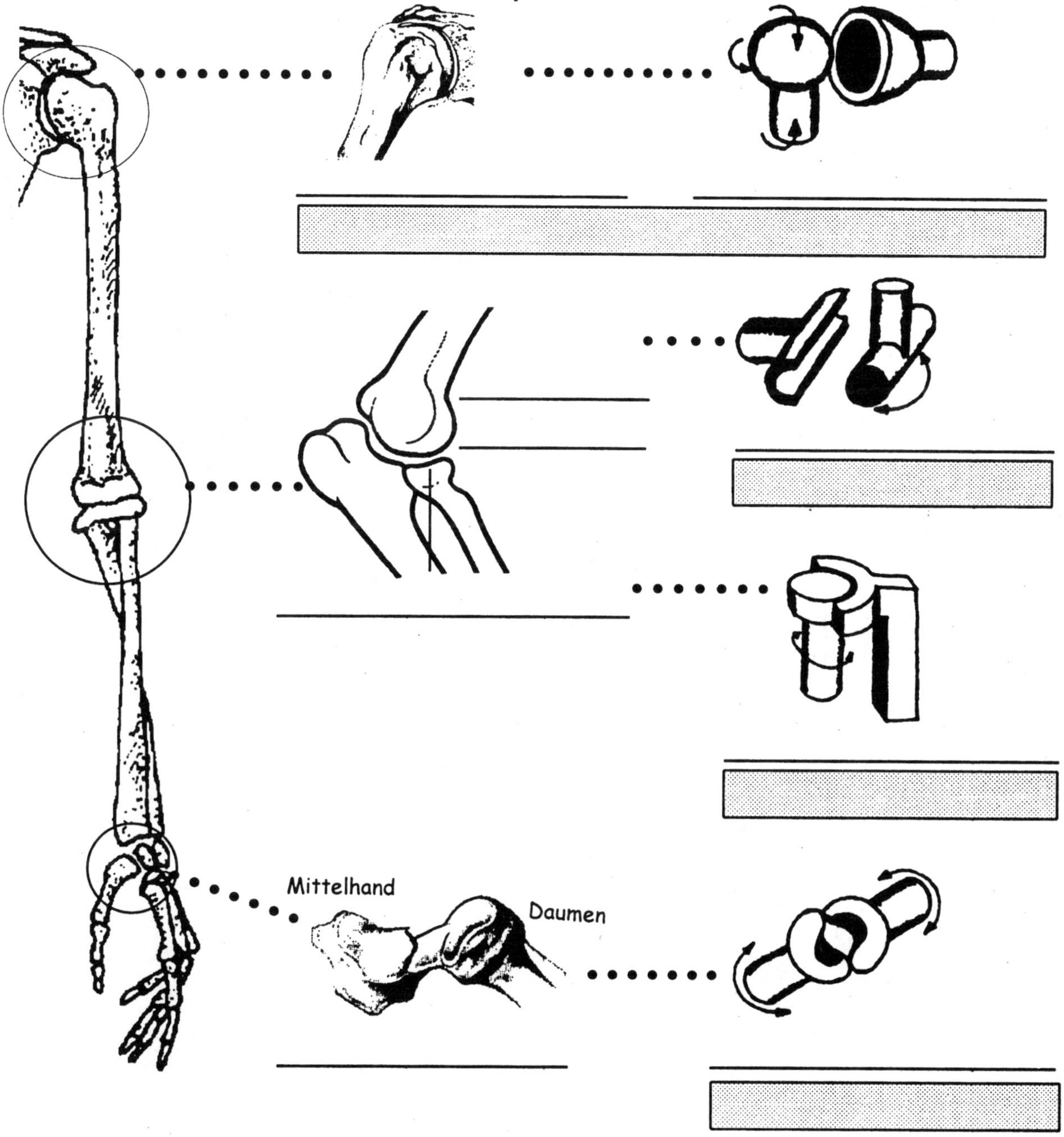

Und so ist ein Gelenk aufgebaut:

Setze diese Wörter richtig ein: *Gelenkpfanne, Gelenkkopf, Gelenkkapsel, Knorpel, Bänder, Gelenkschmiere*

In der ____________________ liegt der Gelenkkopf.

Die ____________________ dichtet das Gelenk luftdicht ab.

Der ____________________ ist das verdickte Ende eines Knochens.

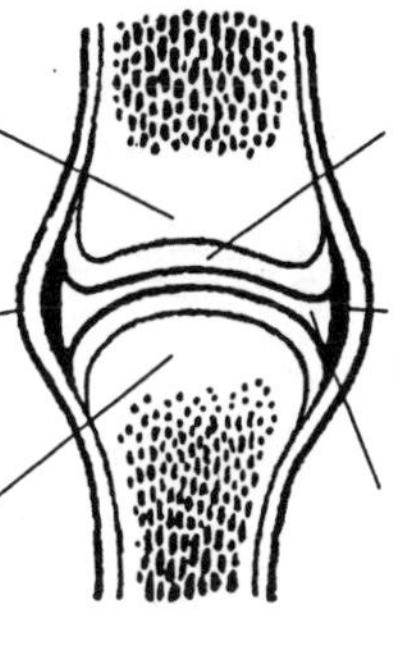

Der ______________ dämpft Stöße.

Die ___________ verbinden die Knochen.

Die ____________________ vermindert die Reibung.

Biologie		

Gelenke machen beweglich !

Die Formen am Beispiel unseres Armes

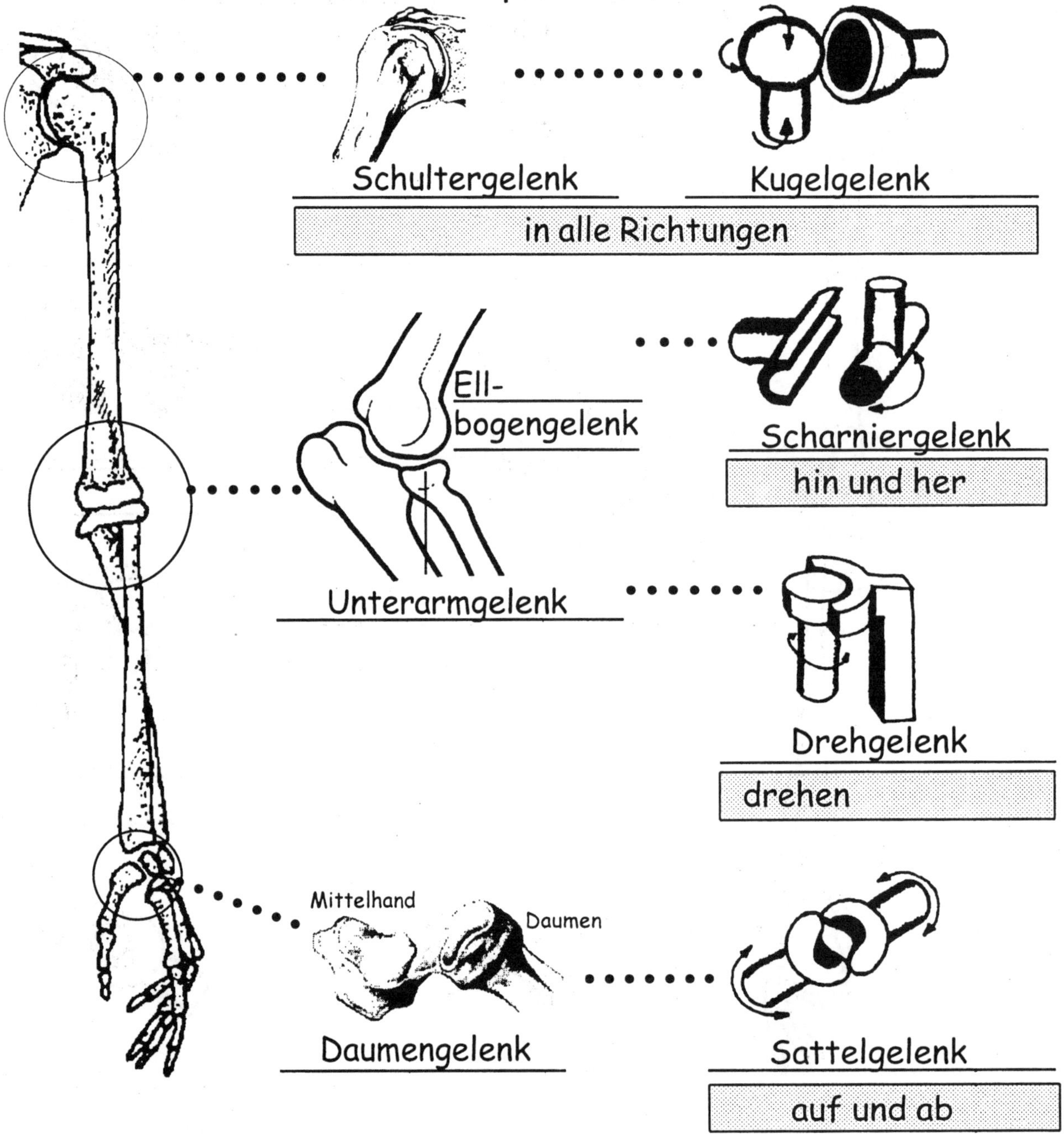

Und so ist ein Gelenk aufgebaut:

Setze diese Wörter richtig ein: *Gelenkpfanne, Gelenkkopf, Gelenkkapsel, Knorpel, Bänder, Gelenkschmiere*

In der Gelenkpfanne liegt der Gelenkkopf.

Die Gelenkkapsel dichtet das Gelenk luftdicht ab.

Der Gelenkkopf ist das verdickte Ende eines Knochens.

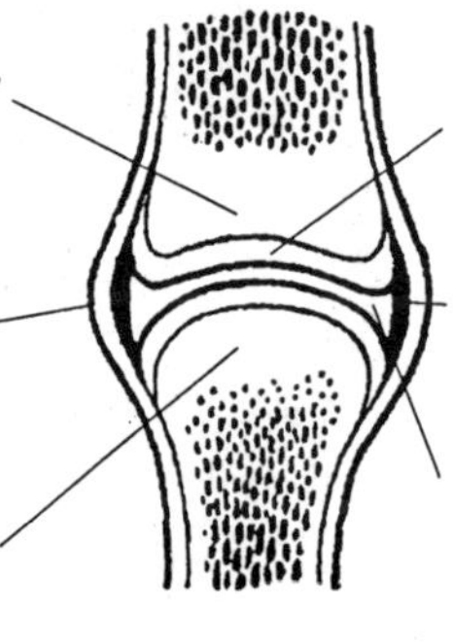

Der Knorpel dämpft Stöße.

Die Bänder verbinden die Knochen.

Die Gelenkschmiere vermindert die Reibung.

Biologie		

Zur Bewegung brauchen wir ____________, ____________ und ____________

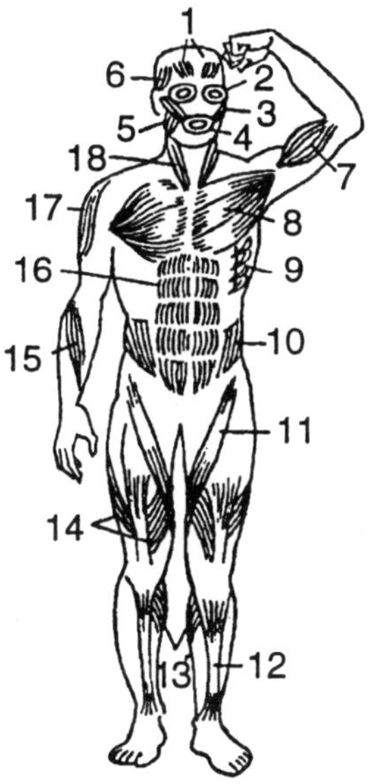

Ich bin ein Muskelmensch !

Versuche, diese Muskeln in Bewegung zu ertasten !

1____________	10 ____________
2____________	11____________
3____________	12____________
4____________	13____________
5____________	14____________
6____________	15____________
7____________	16____________
8____________	17____________
9____________	18____________

Muskeln können sich ________________ und ________________.

Zum Bewegen braucht man alle drei:

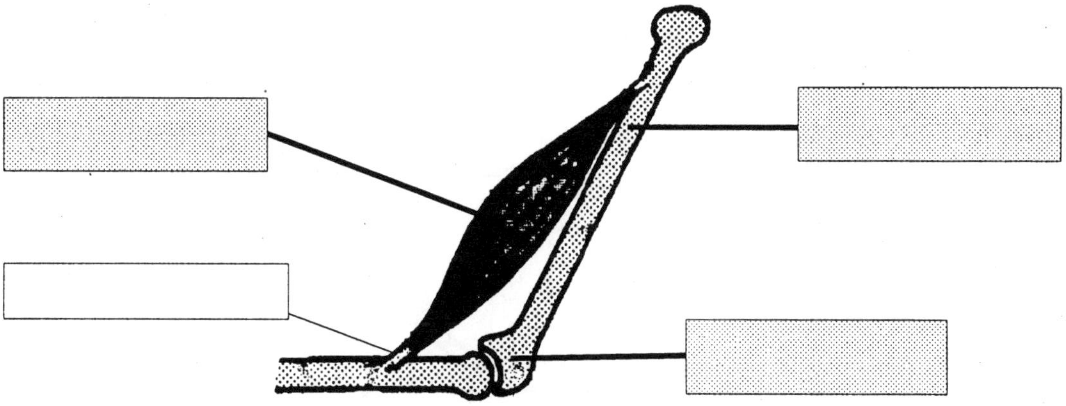

Unterarme in Bewegung

Taste deine Armmuskeln beim Beugen und Strecken ab !
Zeichne Beuger und Strecker richtig in das Bild ein !

Biologie

Zur Bewegung brauchen wir Knochen, Gelenke und Muskeln

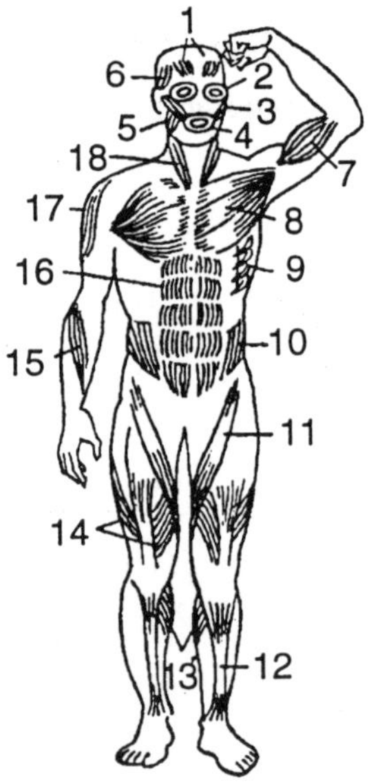

Ich bin ein Muskelmensch !

Versuche, diese Muskeln in Bewegung zu ertasten !

1 Stirn-	10 Bauch-
2 Augen-	11 Schneider-
3 Jochbein-	12 Schienbein-
4 Mund-	13 Waden-
5 Wangen-	14 Strecker
6 Schläfen-	15 Unterarmbeuger
7 Oberarmbeuger	16 Bauch-
8 Brust-	17 Delta-
9 Säge-	18 Kopfwender

Muskeln können sich zusammenziehen und strecken.

Zum Bewegen braucht man alle drei:

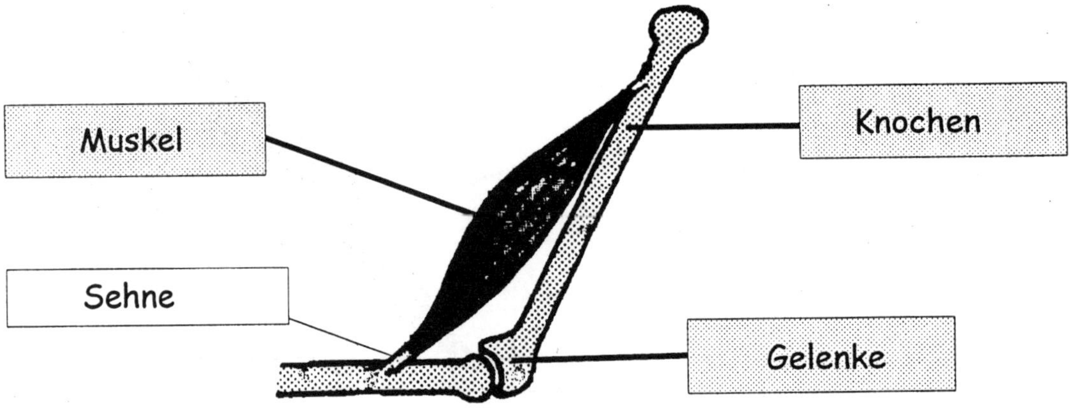

Unterarme in Bewegung

Taste deine Armmuskeln beim Beugen und Strecken ab !
Zeichne Beuger und Strecker richtig in das Bild ein !

Biologie	Hilfe und Information (1)	

1 Welche Aussage ist richtig?

❍ Der Mensch hat keine Gelenke.

❍ Die Gelenke machen den Menschen steif.

❍ Ohne Gelenke wäre der Mensch ganz steif.

❍ Die Knochen sind durch Scharniere verbunden.

❍ Die Muskeln halten die Knochen zusammen.

❍ Die Stützknochen sind durch Gelenke miteinander verbunden.

2

Der Beuger

❍ zieht sich zusammen

❍ entspannt sich

Der Strecker

❍ zieht sich zusammen

❍ entspannt sich

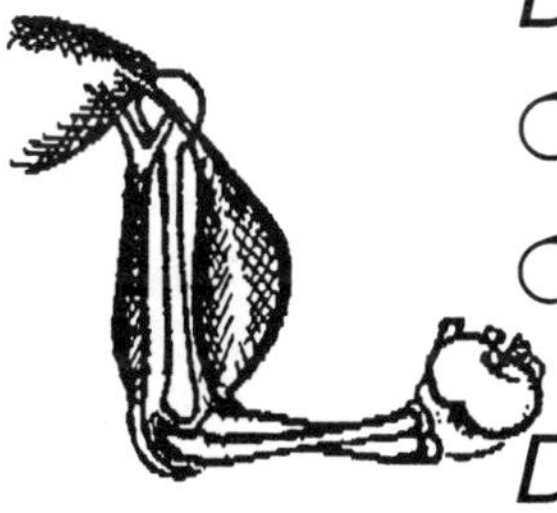

Der Beuger

❍ zieht sich zusammen

❍ entspannt sich

Der Strecker

❍ zieht sich zusammen

❍ entspannt sich

3

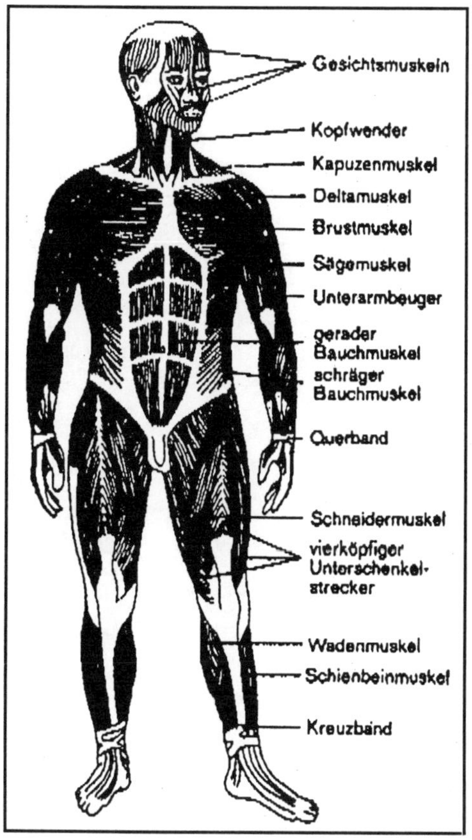

Betrachte diese Zeichnung genau.
Sie zeigt dir die Muskeln des Menschen.

a) Suche Muskeln an deinem Körper.
Diejenigen Muskeln, die du an dir gefühlt hast, kannst du in der Zeichnung rot anmalen.

b) Umfasse mit einer Hand die Oberarmmuskeln des anderen Arms.
Prüfe, wie sie sich beim Beugen und Strecken verändern.
Miss mit einem Maßband nach und trage die Ergebnisse in die Tabelle ein:

Beugen	Strecken

Biologie | Hilfe und Information (2)

Knochenbau

Nach ihrer Form unterscheiden wir **Röhrenknochen**(Gliedmaßen), **platte Knochen**(Schädeldach, Schulterblatt, Brustbein, Rippen), **kurze Knochen**(Wirbel-, Hand- und Fußwurzelknochen) und **unregelmäßige Knochen**(Gesichtsknochen).
Alle Knochen haben außen eine harte, dichtgefügte **Knochenrinde** und innen ein Gitterwerk von **Knochenbälkchen**, die ihrer Anordnung nach mit einer Eisenkonstruktion verglichen werden können.
In den großen Röhrenknochen vereinigen sich die Räume zwischen den Knochenbälkchen zu einer ausgedehnten Höhle, der **Markhöhle**. An der Außenseite ist der Knochen von der **Knochenhaut** überzogen, die Empfindungsnerven besitzt und bei Schlag oder Verletzung heftig schmerzt. Sie ist außerdem gut durchblutet: Nähr-und Aufbaustoffe werden so dem Knochen zugeführt.
Die Räume zwischen den Knochenbälkchen und die Markhöhle sind mit rotem oder gelbem **Knochenmark** ausgefüllt. Das rote Knochenmark ist die Bildungsstätte der roten Blutkörperchen. Das gelbe Knochenmark besteht überwiegend aus Fettzellen.

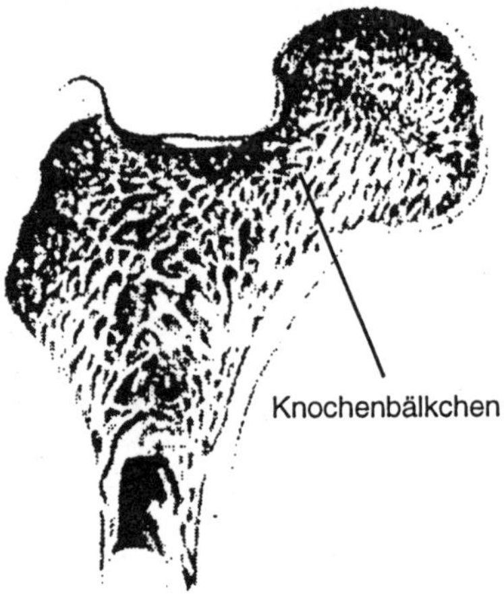

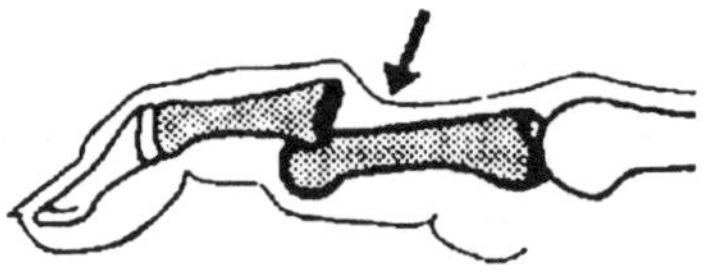
Fingerverrenkung

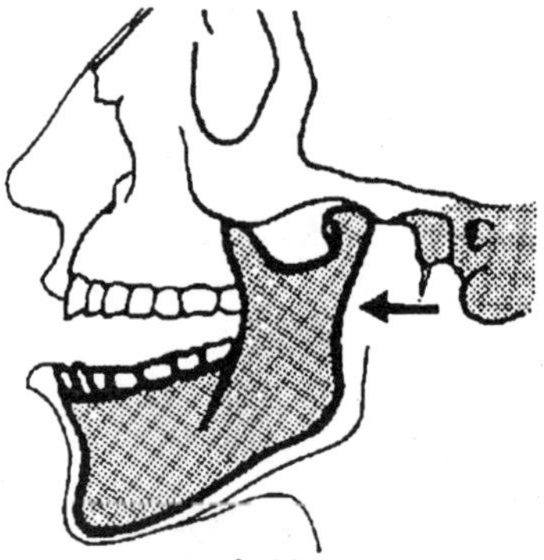
Kieferklemme
bei Unterkieferverrenkung

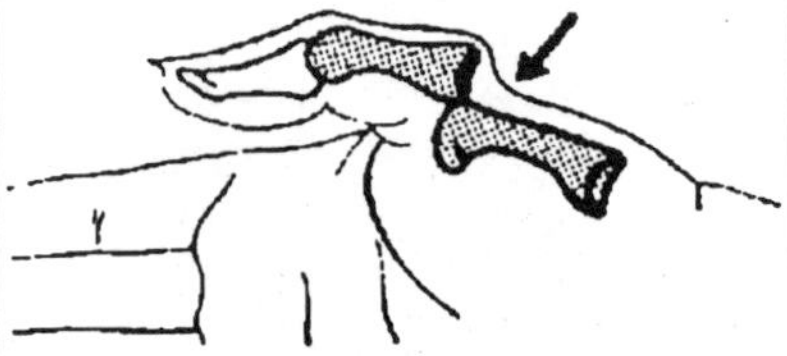
Daumenverrenkung

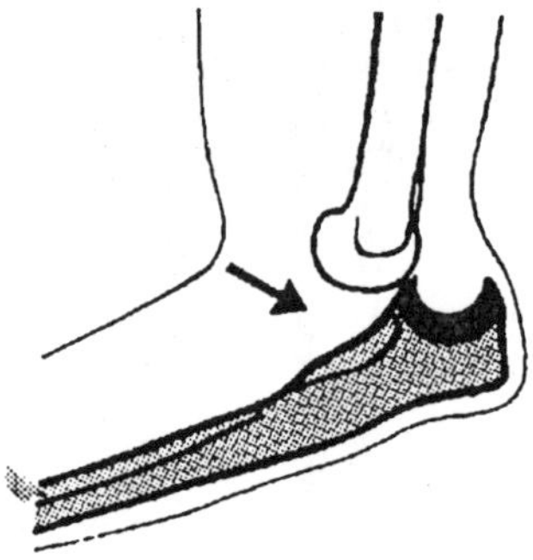
Ellenbogenverrenkung

Muskeln

Die Skelettmuskeln halten das Knochengerüst aufrecht und bewegen es. Sie bestehen aus **quergestreiften Muskelfasern**, deren Tätigkeit durch den Willen gelenkt wird.
Zahlreiche Muskelfasern mit Bindegewebe umhüllt bilden Bündel. Mehrere Bündel werden zu Muskelsträngen, mehrere Stränge zum Muskel zusammengefasst. Der menschliche Körper besitzt über 300 Skelettmuskeln.
Die Enden des Skelettmuskels gehen in **Sehnen** über, die am Knochen ansetzen und die Muskelkraft auf diesen übertragen. Viele Muskeln besitzen nur eine lange Sehne und sind am anderen Ende breitflächig mit dem Knochen verwachsen. Zur Verminderung der Reibung laufen die Sehnen über Knochen oder unter Bändern in schlauchartigen **Sehnenscheiden**, die Gelenkschmiere enthalten. An manchen Stellen des Körpers sind Muskeln, Sehnen oder Haut durch **Schleimbeutel** unterpolstert.
Nach einer Muskelkontraktion kann sich der Muskel nicht selbständig in die Ausgangslage zurückstrecken. Dies muss durch einen entgegengesetzt wirkenden Muskel geschehen. Entgegengesetzt wirkende Gruppen sind z.B. Beuger und Strecker, Abspreizer und Anzieher, Ein-und Auswärtsroller.
Der Muskel befindet sich stets in einem leichten **Spannungszustand**.Durch ihn wird die jeweilige Körperhaltung ohne bewusste Muskelarbeit beibehalten.
Der Muskel ermüdet und schmerzt bei lang andauernder Tätigkeit ohne ausreichende Erholungspausen (Muskelkater).

(nach: Lehrbuch für den Sanitätsdienst)

Biologie	Hilfe und Information (3)	

Versuche und Modelle

Beuger-Strecker-Modell

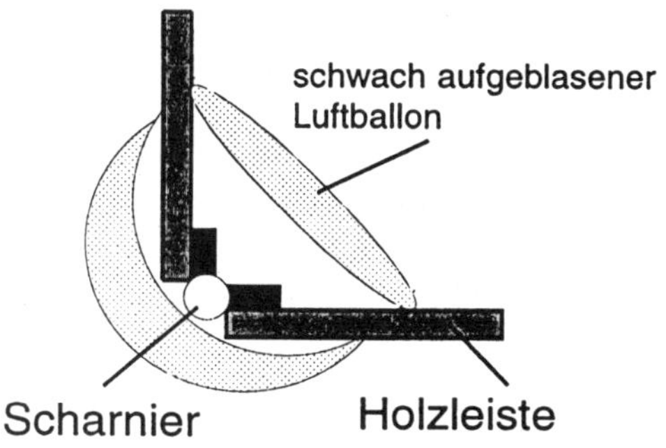

Drahtfiguren,

z.B. zur Bestimmung von Gelenken

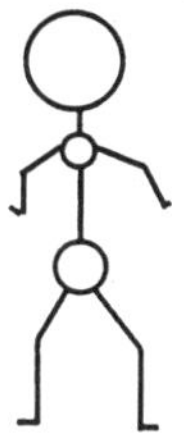

Modelliermasse,

z.B. zum Nachbau von Gelenken

Untersuchung von Knochen

V1: Knochenerde

Material: Knochen (Rind, Hähnchen), Tiegelzange, Bunsenbrenner, Glasschale, Schutzbrille, Waage, Abzug

Durchführung:
evtl. im Freien (Rauchentwicklung !) Knochen bis zur Weißfärbung in Flamme halten

Beobachtung:
Rauchentwicklung, Farbänderung, zerbröselt nach Erkalten

Erklärung:
Knorpel verbrennt, dabei entsteht Ruß; kalkhaltiger Anteil bleibt erhalten

V2: Knorpel

Material: Knochen, Becherglas, ca. 10%ige Salzsäure, Zange, Wasser, Schutzbrille, Messer

Durchführung:
2 Tage lang liegt Knochen in verdünnter Salzsäure; danach spülen und auf Biegsamkeit hin untersuchen (schneiden)

Beobachtung:
Knochen ist biegsam, schneidbar

Erklärung:
Salzsäure löst die festen, kalkhaltigen Anteile

Zur Muskelarbeit

- Beobachtung der Muskel - und Sehnenarbeit am Unterarm bei mehrmaligem Fingerspreizen und Faustballen.
- Zerlegen eines rohen Hähnchenlaufs, Freilegen der Sehnen, Ziehen an den Sehnen;Suchen nach den Sehnenscheiden
- Zerzupfen eines Stücks gekochten Kalbfleisches mit Hilfe von 2 Nadeln; Beobachten der Muskelfasern mit Lupe

Omas Rezepte
Knochenleim
Koche zuerst alte Knochen
etwa eine Stunde lang, lege sie
dann 2 Tage lang in verdünnte
Salzsäure. Anschließend
spülen, Gelenkknorpel entfernen und den Knochenknorpel
mit Wasser aufkochen.

Folie

Dem Skelett kann viel passieren !

Offener Knochenbruch

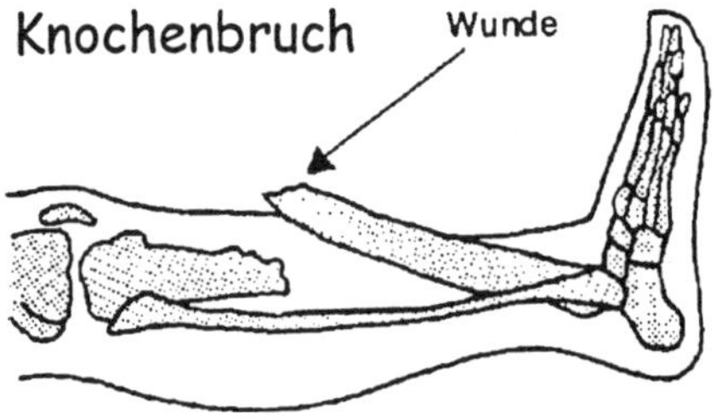

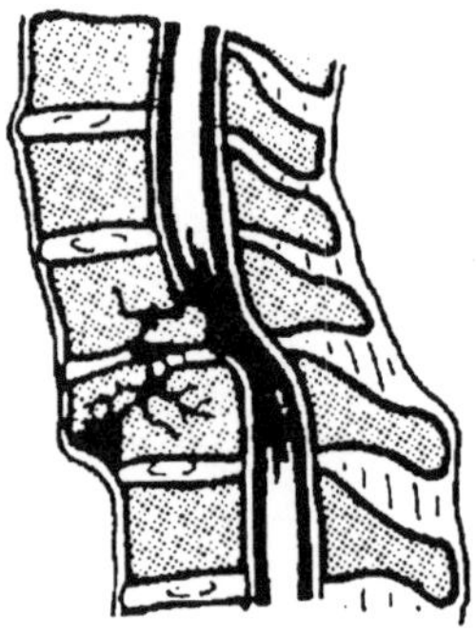

Halswirbelbruch

Rippenbruch

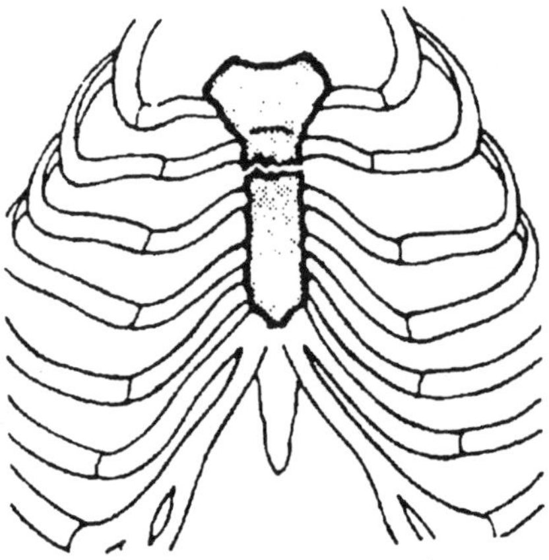

Brustbeinbruch

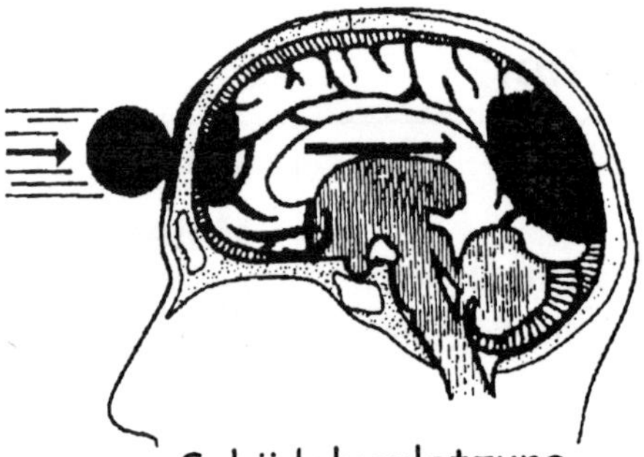

Schädelverletzung

aber auch das:

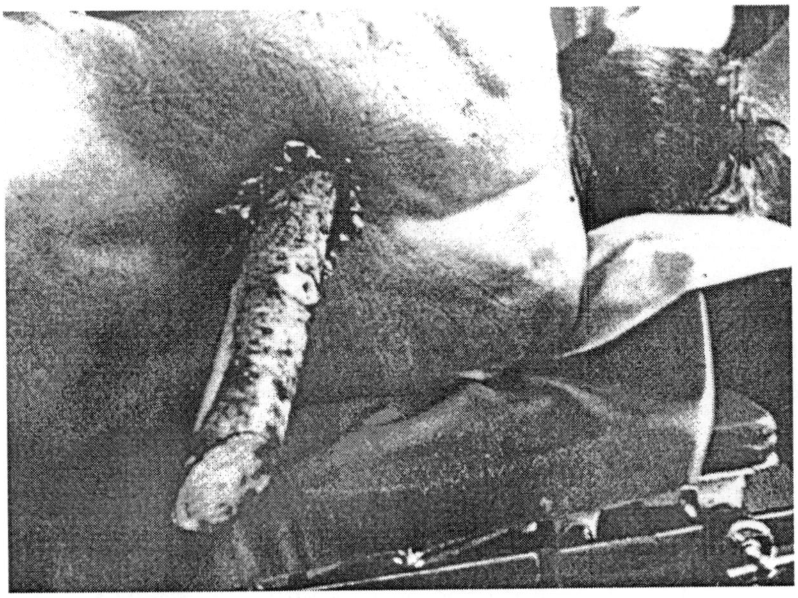

Zur Erläuterung:

Ein Maurer war vom Gerüst gefallen, in einen Pflock hinein. Der Verletzte wurde nicht herausgehoben, sondern zusammen mit dem abgesägten Pflock transportiert. (Er überlebte !)

hier:

- Pflock knapp an der Wirbelsäule vorbei !
- Skelett konnte diese Verletzungen auch nicht verhindern !

(aus: BRK: Lehrbuch für den Rettungsdienst, München 1978)

THEMA Unsere Wirbelsäule

Aufbau, Haltung, Gymnastik

LERNZIELE

- den Aufbau unserer Wirbelsäule kennen
- die Bedeutung der Wirbelsäulenform erklären
- falsche Körperhaltung am Modell erklären
- falsche Körperhaltung vermeiden
- Übungen zur Vorbeugung von Haltungsschäden kennen und durchführen

ARBEITSMITTEL / LITERATUR

AB, Folien
Skelett
Modelle: Drahtmodell (Belastbarkeitstest); Mutternmodell (s.Anhang)

Der Gesundheitsbrockhaus, Wiesbaden 1953

FOLIEN

S T U N D E N V E R L A U F

I. Hinführung

Motivation	Folie FUG	Anhang: LEICHTSINN ! Folgen von Stürzen, evtl. Anknüpfung an Erste-Hilfe-Kurs
Alternativen	I.	Folie: Schwere Verkrümmung, Welche Haltung hatte dieser Mensch ?
	II. Modelle	Vergleich von Wirbelsäulen an Modellen (Fisch, Hund, Mensch....)
Zielangabe	TA/AB	Unsere Wirbelsäule

II. Erarbeitung

1. Teilziel: Bau und Form

Information	Skelett, Text PA	Beschreiben, Zählen, Lokalisieren der Wirbel Infotext im Anhang
Modell	GA/PA	Bau von WS-Modellen, z.B. aus Schraubenmuttern und Schaumstoff (s.Anhang); Erproben der Funktion der Bandscheiben
Fixierung	AB	Beschriften und Zeichnen
Versuch	Modell, PA/GA/ UG	Belastungstest: Erkenntnisbildung: Eine doppelt-S-förmig gebogene WS....
Verbalisierung, Sicherung	AB	

2. Teilziel: Richtige und falsche Körperhaltung

Motivation	Folie	Bilder: Rund-, Schief-, Hohlrücken; falsches Tragen und Heben
Veranschaulichen	EA	Nachstellen der Fehlhaltungen
Information	Texte	Gefährlichkeit von Fehlhaltungen, auch Bandscheibenvorfall (s. Anhang)
Erkennen	EA/PA/ AB	Bilder auf AB: Begründen: Steht / sitzt Kind richtig ?
Auswertung	EA/ UG	Vortrag der Meinungen, Zeigen am Modell
Regeln	UG / AB	Regeln zur richtigen Haltung evtl. durch Ausprobieren / Folienbilder veranschaulichen

III.Anwendung

ganzjährige 5-Minuten-Übungen	AB	Gymnastik, auch im Klassenzimmer, s. AB

Biologie		

Unsere Wirbelsäule

7 ____

12 ____

5 ____

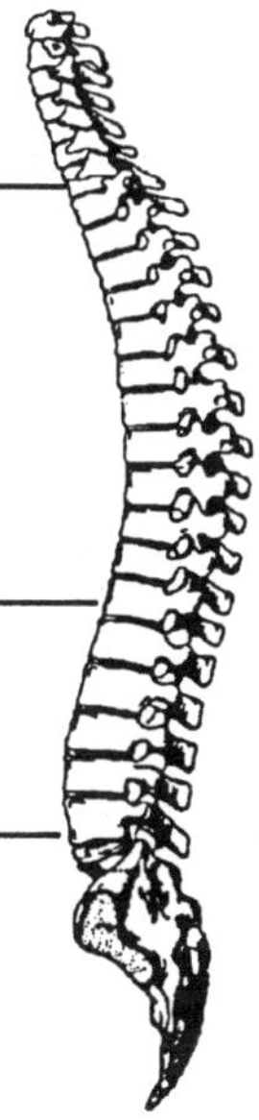

Einzelne Wirbel:

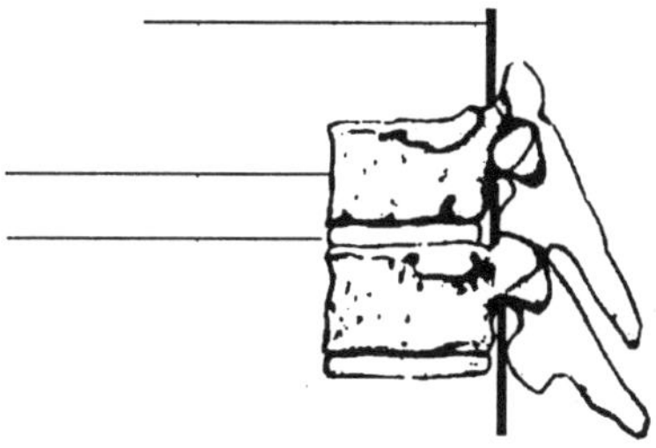

__________ sind __________
zwischen den Wirbeln.
Sie wirken als elastische __________.

Zeichne hier das Modell der Wirbelsäule:

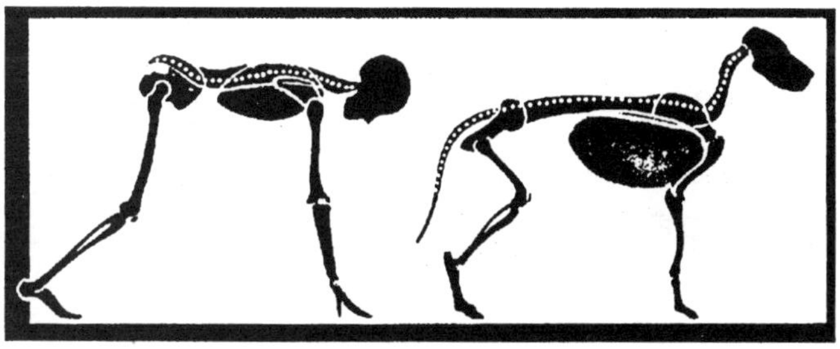

Warum ist unsere Wirbelsäule ______________- förmig gebogen ?

Wir experimentieren am Modell :

Modell ☐ verbiegt sich am stärksten.

Modell ☐ verbiegt sich am wenigsten.

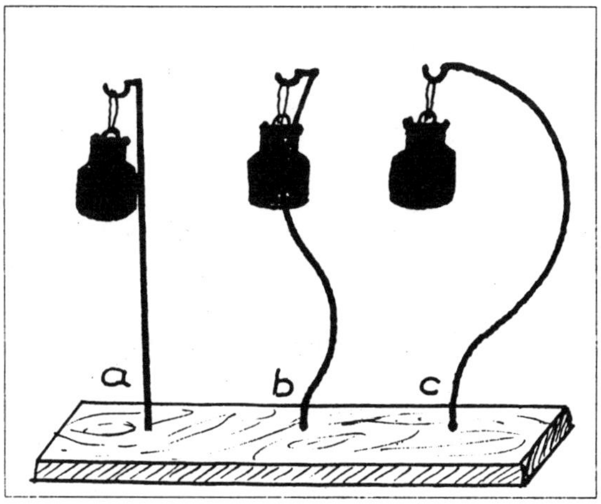

Wir erkennen:

Eine ______________ - förmig gebogene Wirbelsäule

____

____

Biologie

Unsere Wirbelsäule

7 Halswirbel

12 Brustwirbel

5 Lendenwirbel

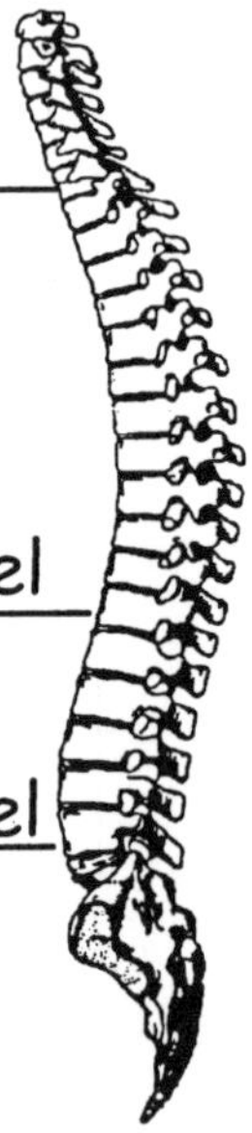

Einzelne Wirbel:

Wirbelkanal

Wirbelkörper

Bandscheibe

Bandscheiben sind Knorpelscheiben zwischen den Wirbeln.

Sie wirken als elastische Puffer.

Zeichne hier das Modell der Wirbelsäule:

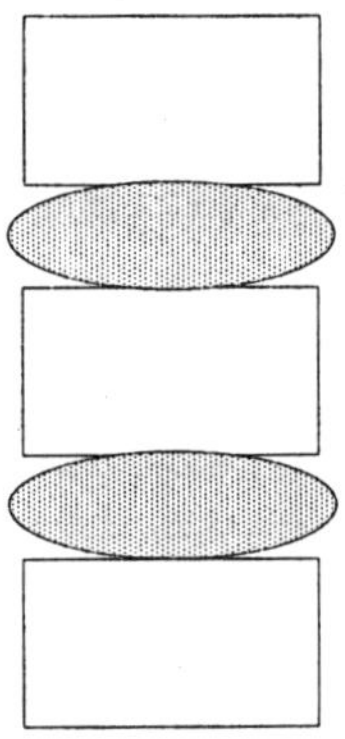

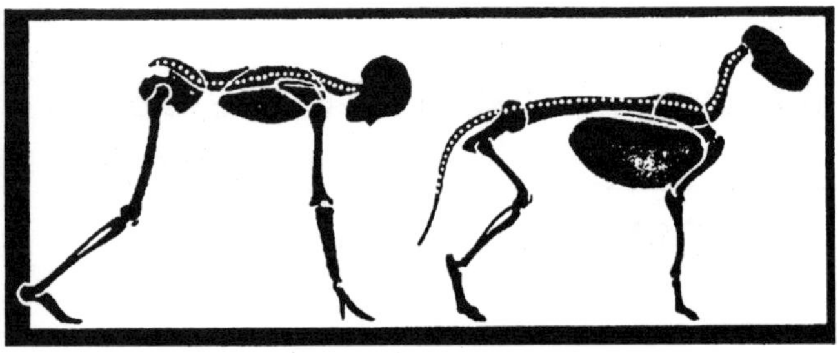

Warum ist unsere Wirbelsäule doppelt - S - förmig gebogen ?

Wir experimentieren am Modell :

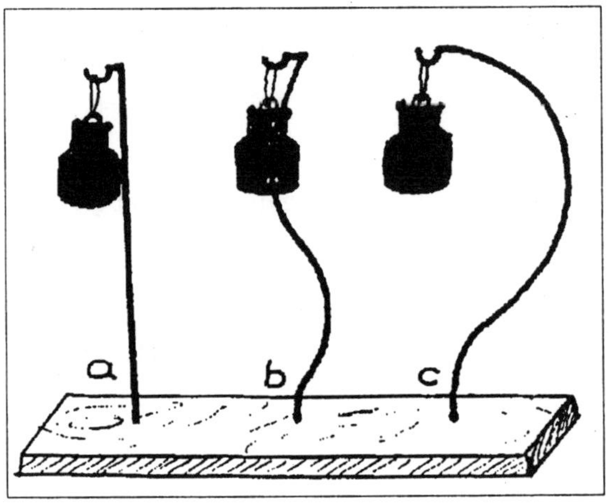

Modell c verbiegt sich am stärksten.

Modell b verbiegt sich am wenigsten.

Wir erkennen:

Eine doppelt - S - förmig gebogene Wirbelsäule

hält Belastungen am besten.

Biologie

Sitz gerade !

Entscheide und begründe: Hat der Schüler die richtige Körperhaltung ?
Skizziere jeweils das Wirbelmodell !

WS-Modell

○ richtig
○ falsch

____

____

____

WS-Modell

○ richtig
○ falsch

____

____

____

WS-Modell

○ richtig
○ falsch

____

____

____

WS-Modell

○ richtig
○ falsch

____

____

____

So vermeide ich Haltungsschäden:

- Ich vermeide ______________________ Belastungen der Wirbelsäule !
- Schwere Lasten trage ich nicht auf der ____________, sondern mit _________ Händen ____________ dem Körper.
- Lasten hebe ich nie mit _____________ Rücken; ich gehe dazu in die __________.
- Ich sitze __________________ und _____________ mich an.
- Durch ____ beuge ich Haltungsschäden vor.

Biologie

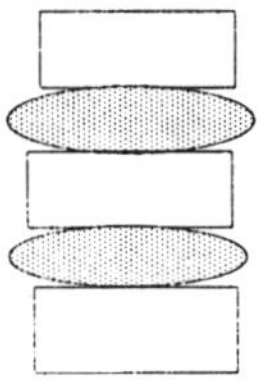

Sitz gerade !

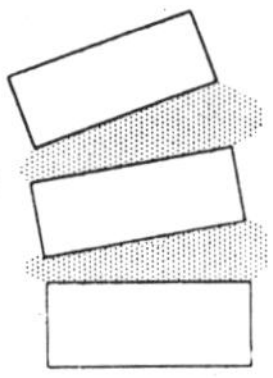

Entscheide und begründe: Hat der Schüler die richtige Körperhaltung ?
Skizziere jeweils das Wirbelmodell !

☐ richtig
☒ falsch

Wirbelsäule wird
ungleichmäßig belastet

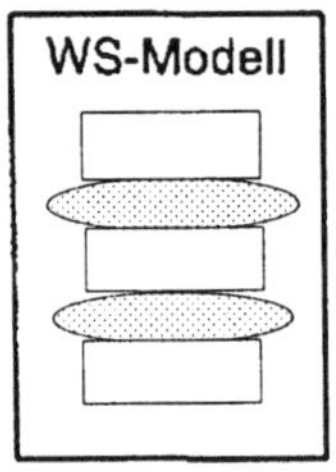

☒ richtig
☐ falsch

Wirbelsäule bleibt
in Normalstellung

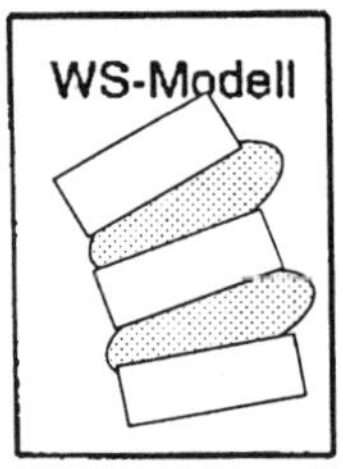

☐ richtig
☒ falsch

Wirbelsäule wird zu lange / zu
stark nach vorne belastet

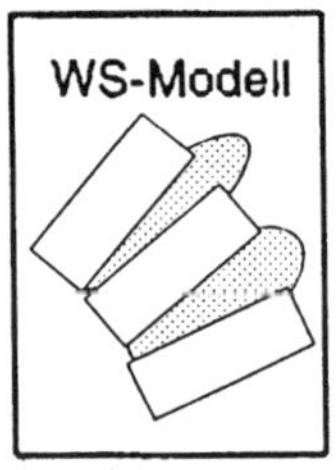

☐ richtig
☒ falsch

Wirbelsäule zu stark
nach vorne belastet (Gefahr: Wirbelbruch, Bandscheibenvorfall !)

So vermeide ich Haltungsschäden:

- Ich vermeide einseitige Belastungen der Wirbelsäule !
- Schwere Lasten trage ich nicht auf der Seite, sondern mit beiden Händen vor dem Körper.
- Lasten hebe ich nie mit gekrümmtem Rücken; ich gehe dazu in die Knie.
- Ich sitze aufrecht und lehne mich an.
- Durch Gymnastik, Bewegung beuge ich Haltungsschäden vor.

Biologie	Hilfe und Information (1)	

zur WIRBELSÄULE

Die Wirbelsäule gliedert sich in 24 einzelne **Wirbel**: fünf Lenden-, zwölf Brust- und sieben Halswirbel. Jeder Wirbel besteht aus dem vorngelegenen **Wirbelkörper**, von dem zwei **Wirbelbögen** ausgehen. Diese bilden, sich hinten vereinigend, den **Dornfortsatz** und umschließen das **Wirbelloch.** Alle Wirbellöcher zusammen bilden den **Wirbelkanal**, der das Rückenmark enthält. (...) Die Basis der Wirbelsäule ist das fest in den Beckenring eingefügte **Kreuzbein**, das durch die feste knöcherne Verwachsung mehrerer Wirbel entstanden ist. An ihm sitzen nach unten die beim Menschen verkümmerten Schwanzwirbel.
Zusammengehalten werden die Wirbel durch die **Bandscheiben**. Diese bestehen aus einem äußeren festen Faserring und einem weichen Kern, der sich bei der Biegung der Wirbelsäule nach der entgegengesetzten Seite verschiebt. Die Bandscheibe wird hierdurch keilförmig verändert. Weiteren Zusammenhalt schaffen die großen und kleinen **Bänder**. Das vordere Längsband z.B. überzieht alle Wirbel auf der Bauchseite. Neben weiteren Längsbändern verbinden auch kleine Bänder Querfortsätze, Wirbelbögen und Dornfortsätze untereinander.
Die **Krümmungen** der Wirbelsäule bestehen in einer Wölbung nach vorne im Lendenteil, äußerlich sichtbar durch eine Einsattelung des Rückens an dieser Stelle; einer Wölbung nach hinten im Brustteil und einer Wölbung nach vorn im Halsteil. Diese Krümmungen bewirken zusammen mit den Bandscheiben ein Abfedern aller Stöße, die meist von unten, den Beinen her, auf den Rumpf einwirken.

(nach: Der Gesundheitsbrockhaus, Wiesbaden 1953)

Ein Wirbelsäulenmodell

aus ca. 10 großen **Schraubenmuttern**, die auf einen **Draht** aufgefädelt werden. Aus **Schaumgummi** werden kleine Zwischenstücke geschnitten und auf den Draht gesteckt.

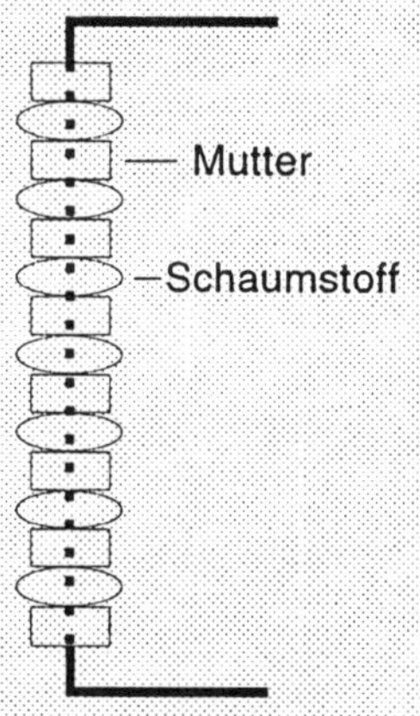

Alternative: Schaumstoff- und Wellpappescheiben aufeinander geklebt

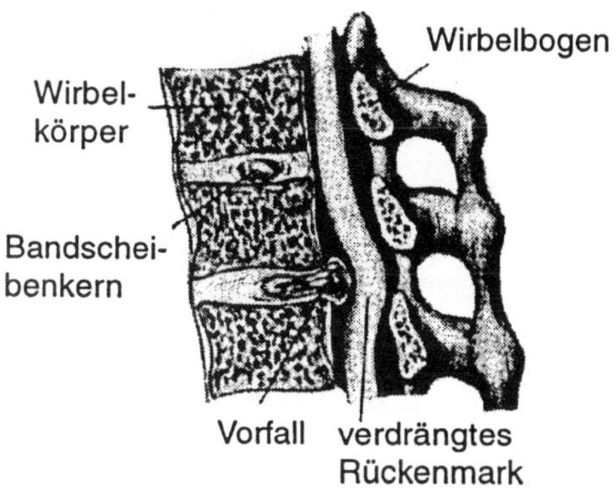

Bandscheibenvorfall

Wenn die Bandscheiben zwischen zwei Wirbelkörpern Einrisse erleiden, quillt das gallertartige Gewebe des Bandscheibenkerns heraus und tritt nach hinten in den Wirbelkanal ein. Die Masse drückt auf das Rückenmark oder gegen die Nervenwurzeln. Ohne schmerzhafte Beschwerden ist Bewegung dann kaum mehr möglich. Behandlung: Schmerzmittel, Massagen, Akupunktur, Operation.

Haltungsschäden

Rundrücken | Schiefrücken | Hohlrücken

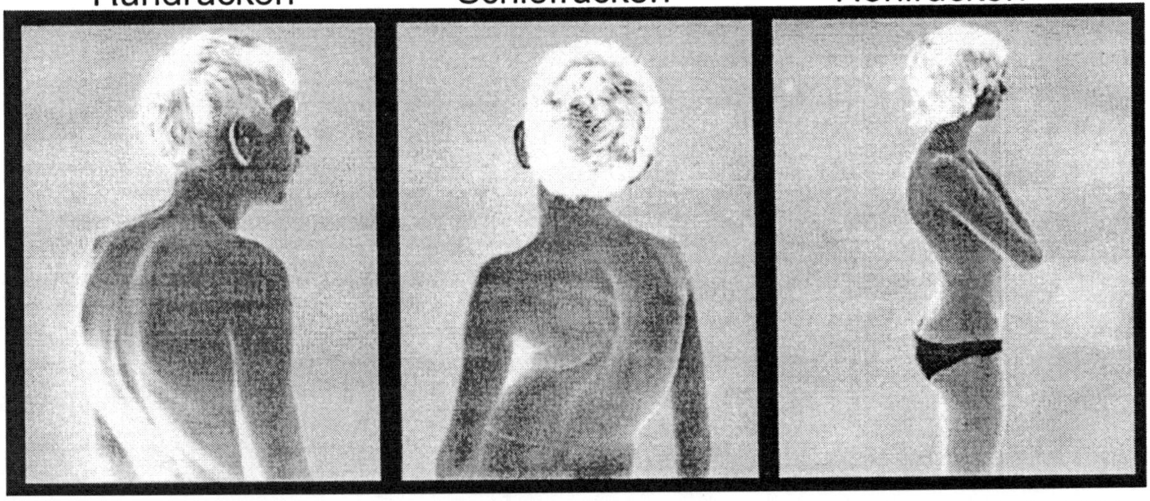

Rundrücken: Bedingt vor allem durch eine Schwäche der über den Buckel ziehenden Rückenstreckmuskulatur. Die Brustmuskeln verkürzen sich und dies führt allmählich zur Fixierung des Schultergürtels in dieser ungünstigen Stellung. Die Bekämpfung muss daher in der Kräftigung aller Muskelgruppen, die den Schultergürtel nach rückwärts ziehen, bestehen.

Schiefrücken: Seitliche Verbiegungen müssen rasch erkannt und behandelt werden, da sie im fortgeschrittenen Stadium kaum noch zu beseitigen sind.

Hohlrücken: Das Hohlkreuz wird oft nicht bemerkt, da es im Anfangsstadium kaum Beschwerden hervorruft. Durch einfache Rumpfneigung kann sie anfangs korrigiert werden. Schrumpfen aber die hinteren Bänder der Wirbelsäule, fixiert sich dieser Haltungsfehler.

Biologie	Hilfe und Information (3)	

Wirbelsäulengymnastik

für zwischendurch !

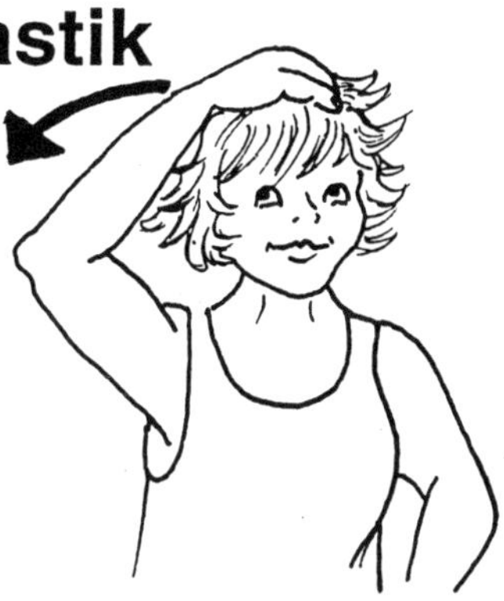

Kräftigung der Halsmuskeln

- Über die Kopfmitte greifen
- Kopf in Pfeilrichtung ziehen
- mehrmals je 4 Sekunden
- Seitenwechsel

Dehnung der Rückenmuskeln

- Rücken über ein Hindernis aufwölben
- mehrmals je 5 Sekunden
- Partner kann Dehnung verstärken (Pfeil !)
- Entspannen, Neubeginn

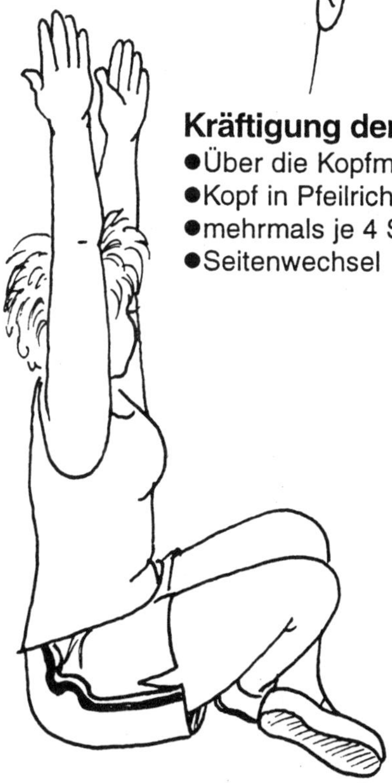

Kräftigung der Rückenmuskeln

- Aufrecht sitzen
- Arme neben dem Kopf strecken
- mehrere Sekunden halten, entspannen

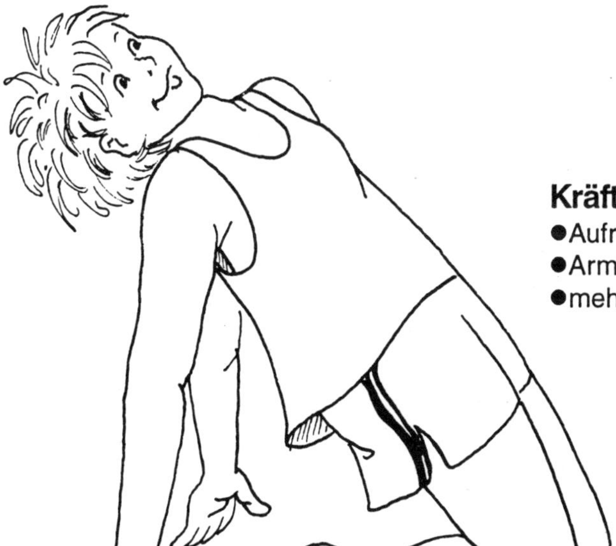

Kräftigung des Rumpfes

- Brust und Bauch herausdrücken
- mehrere Sekunden halten, entspannen

VORSICHT: Nicht bei Rücken-oder Kniebeschwerden !

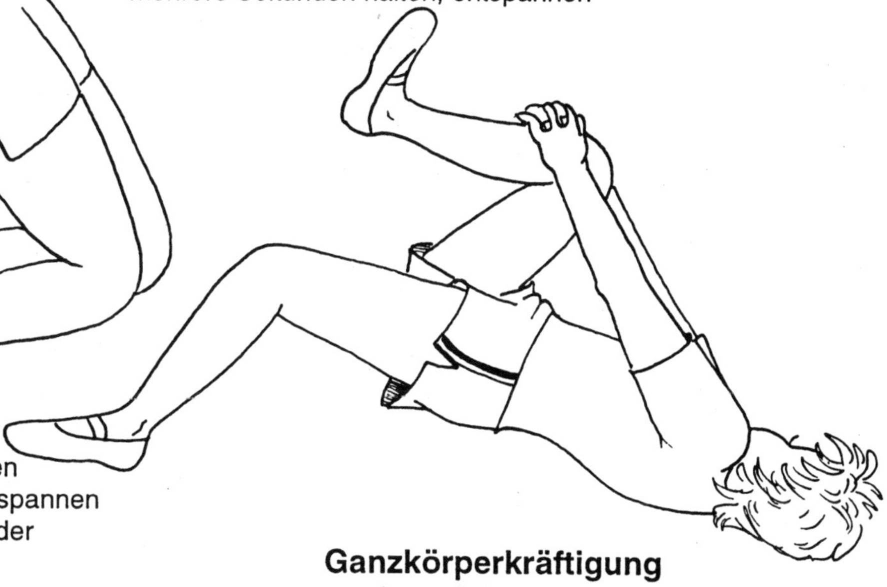

Ganzkörperkräftigung

- mehrere Sekunden halten, entspannen
- Beinwechsel

weitere Anregungen: Kruber, Dieter: Wirbelsäulengymnastik 01 und 02, ISBN 3-7911-0182

Biologie	Hilfe und Information (4)	

Schwere Wirbelsäulenverkrümmung

(Echtpräparat)

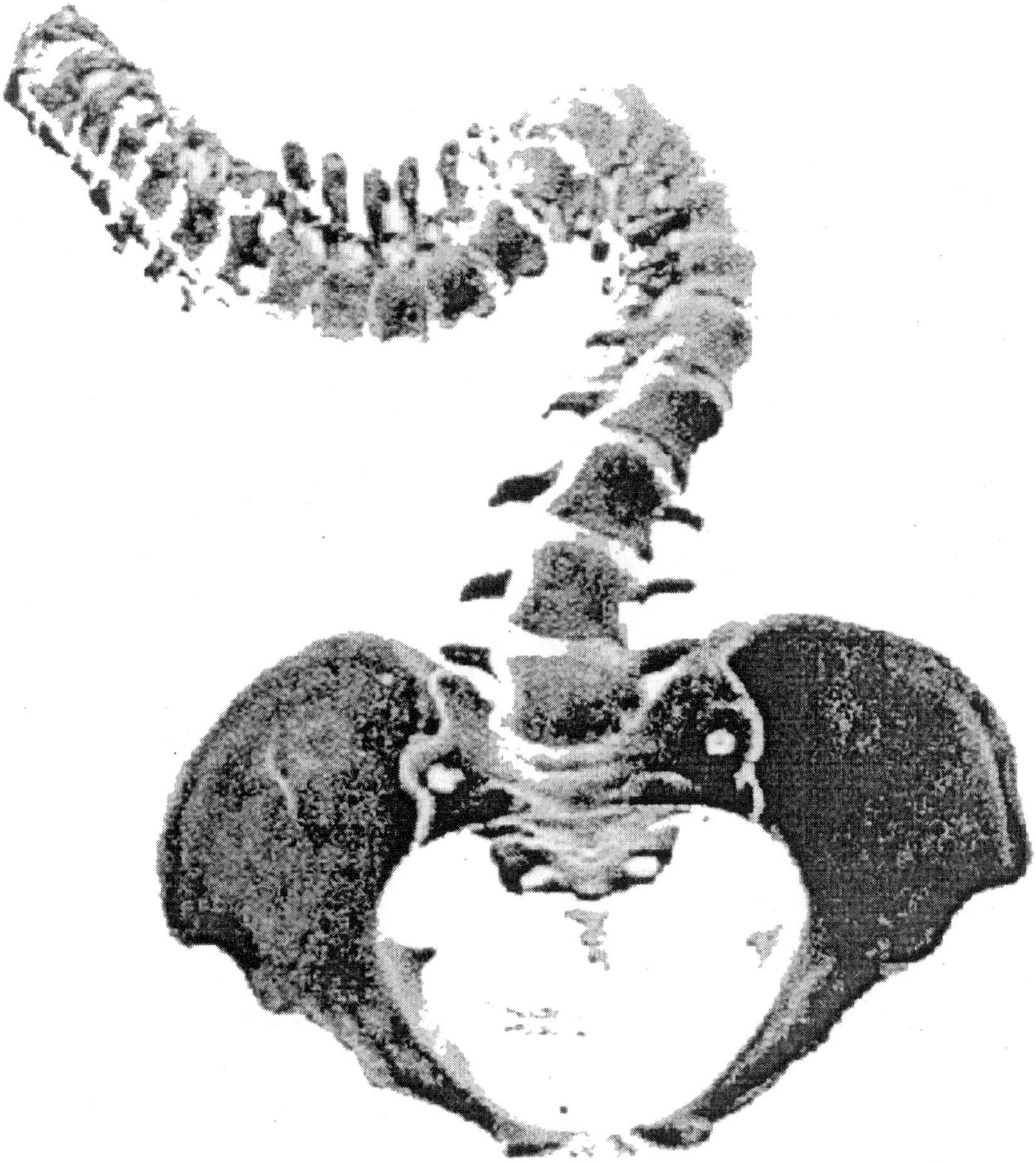

THEMA | **Unsere Füße**

LERNZIELE

- die Knochen des Fußes benennen
- die Aufgaben des Fußes kennen
- die Bedeutung der Gewölbeform (Quer-, Längsgewölbe) aus dem Versuch erkennen
- Fußkrankheiten kennenlernen
- Bereitschaft zur Gesunderhaltung der Füße

ARBEITSMITTEL / LITERATUR

AB, Folien
Skelett
Versuchsmaterial: Pappe, Bücher, Wasser; evtl. Brückenmodell

hier verwendet: Der Gesundheitsbrockhaus, Wiesbaden 1953

ansteckend● hässlich● schmerzhaft● gefährlich

der Fußpilz

Formen gibt es viele, je nach Art des Pilzes. Dieser wächst mehr oder weniger tief unter die Haut, auch unter die Fußnägel.
Verbreitung: Man schätzt, dass bis zu 30 % der Deutschen an einer Fußpilzform erkrankt sind. Bei Sportlern und bestimmten Berufen ist die Zahl noch höher. Die Erreger (bzw. deren Sporen) lauern monatelang besonders in sog. Nassberei chen, wie in Schuhen, Holzrosten der Schwimmbäder, Badematten, gemeinsam benutzten Wegen usw.
Krankheitszeichen reichen vom Juckreiz über entzündete und nässende Hautstellen bis hin zum eitrigen Zerfall.

Wir beugen vor:

Barfuß laufen in Feuchträumen (Sauna, Schwimmbad usw.) vermeiden wir nach Möglichkeit !

Unsere Schuhe lassen wir nach dem Tragen mindestens einen Tag auslüften !

Wir meiden Leihschuhe (Rollerblades, Skischuhe usw.) !

Wir trocknen regelmäßig unsere Füße und die Zehenzwischenräume ab !

Handtücher benutzen wir nie gemeinsam mit anderen !

Mit Gymnastikübungen fördern wir die Durchblutung unserer Füße !

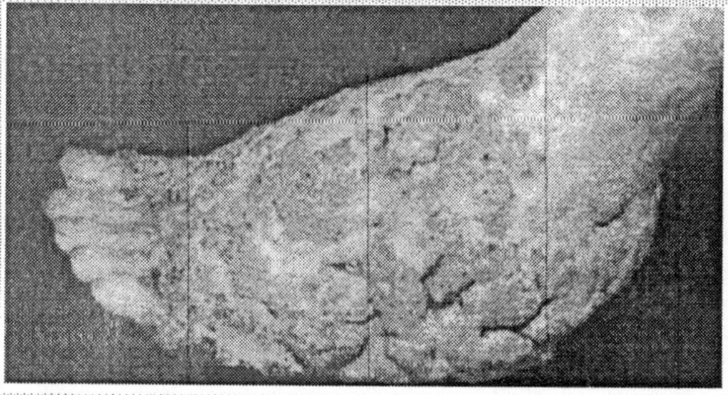

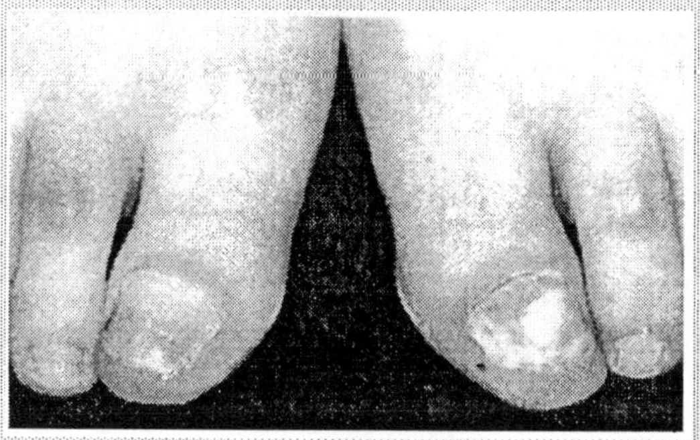

nach
Braun-Falco,O.: Dermatologie und Venerologie, Berlin 1984
bella 37/1998, S.36

STUNDENVERLAUF

I. Hinführung

Motivation	Bild	Spiel: Fußabdruck (Plattfuß) auf Papier, Täter gesucht
Alternative	Zeitungs-artikel o.ä.	z.B. aktueller Bezug: Fußpilz im Bad o.ä.
Zielangabe	TA/ AB	Unsere Füße

II.Erarbeitung

1. Teilziel: Knochen des Fußes

Information	Bild, Skelett	Benennen, Zeigen der Knochen
Lösungshilfen	Text, AB	
Verbalisierungen, Fixierung	PA /EA	Zuordnen auf AB

2. Teilziel: Aufgaben und Form

Motivation	Pappe	s.Anlage: Fußabdruck herstellen
	Bild	Gegenüberstellen normal - platt
Frage	TA	Warum ist der Fuß gewölbt ?
Lösungshilfen	AB	Versuche auf AB: - Punktmarkierung - Belastungstest
	Bild	Vergleich mit Brückengewölbe
Erkenntnisse	UG	Durch die Wölbung ist der Fuß belastbar..
Anwendung u. Vorwissen	PA	Welche Aufgaben hat der Fuß ?
Lösungshilfen	AB	Lückensätze auf AB
Ergebnisse	PA/EA	Vortrag, Vorführen (federn, abstoßen..)
Zusammenfassung	UG, AB	Nur durch seine Wölbung kann der Fuß seine Aufgaben erfüllen.

3. Teilziel: Fußkrankheiten

evtl. Rückgriff	Karton	Fußabdrücke: Wer hat die falschen ?
Information dazu evtl. Vorwissen	AB, UG	siehe Anhang: Fußsenkung, Fußpilz - Arten, Folgen - Vorbeugung

III. Anwendung

Regeln	AB	zur Vermeidung von Fußpilzerkrankungen
Übung	PA /EA	Gymnastische Übungen

Biologie

Unser 3- Punkt- Fuß

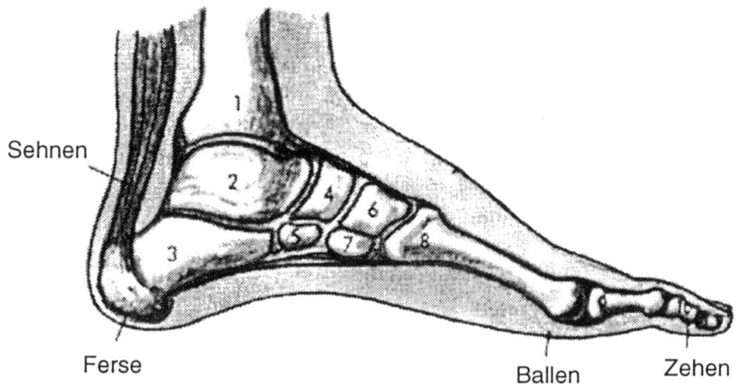

Die Knochen des Fußes:

(1) ____________________

(3)____________________

(2-7)____________________

(8) einer der fünf

____

(9-11)____________________

Alle Fußknochen sind durch ____________________ verbunden.

Sie werden von ____________________ zusammengehalten.

Welche Aufgaben hat der Fuß ?

Er ____________ den Körper

Er ________________ ab beim Stehen, Gehen, Springen

Er ______________ den Körper ab beim Laufen und Springen

Der Fuß kann seine Aufgaben durch seine ____________________ ____________________ erfüllen:

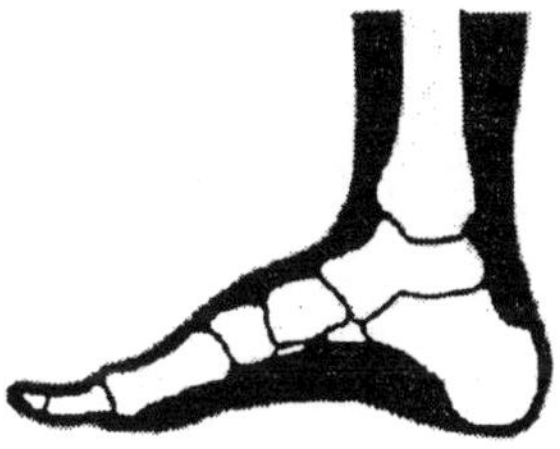

Zeichne ein:
- die Längswölbung
- die Punkte. die den Boden berühren

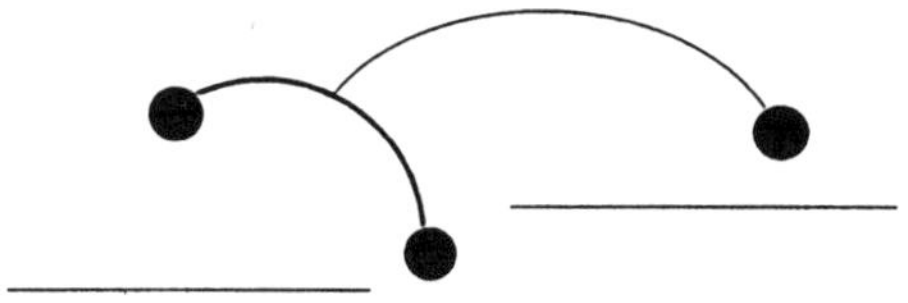

Versuch 1:
Bemale ein Blatt Papier (DIN A 3) mit Wasserfarbe und tritt vorsichtig mit einem Fuß darauf. Betrachte die Fußunterseite: Wo hängt Farbe ?

Versuch 2:
Führe diesen Belastungstest durch.
Welche Pappeform hält mehr aus ?

So weit lassen wir es nicht kommen !

__________ __________ __________

Wir sorgen vor:

____

____

Biologie

Unser 3- Punkt- Fuß

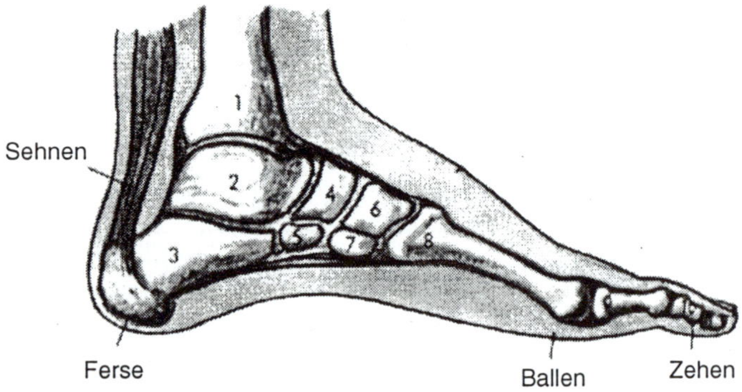

Die Knochen des Fußes:

(1) Schienbein

(3) Fersenbein

(2-7) Fußwurzelknochen

(8) einer der fünf Mittelfußknochen

(9-11) Zehenglieder

Alle Fußknochen sind durch Gelenke verbunden.

Sie werden von Bändern zusammengehalten.

Welche Aufgaben hat der Fuß ?

Er trägt **den Körper**

Er federt **ab beim Stehen, Gehen, Springen**

Er stößt **den Körper ab beim Laufen und Springen**

Der Fuß kann seine Aufgaben durch seine Gewölbe-form **erfüllen:**

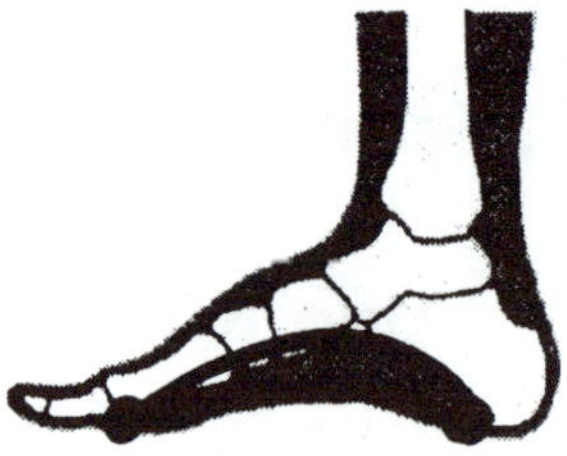

Zeichne ein:

- die Längswölbung
- die Punkte. die den Boden berühren

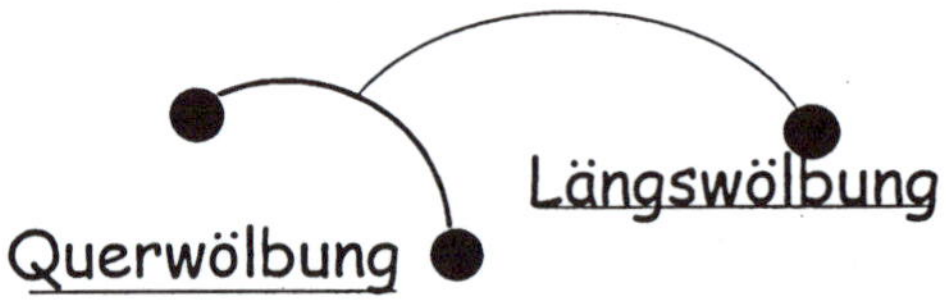

Versuch 1:
Bemale ein Blatt Papier (DIN A 3) mit Wasserfarbe und tritt vorsichtig mit einem Fuß darauf. Betrachte die Fußunterseite: Wo hängt Farbe ?

Versuch 2:
Führe diesen Belastungstest durch. Welche Pappeform hält mehr aus ?

So weit lassen wir es nicht kommen !

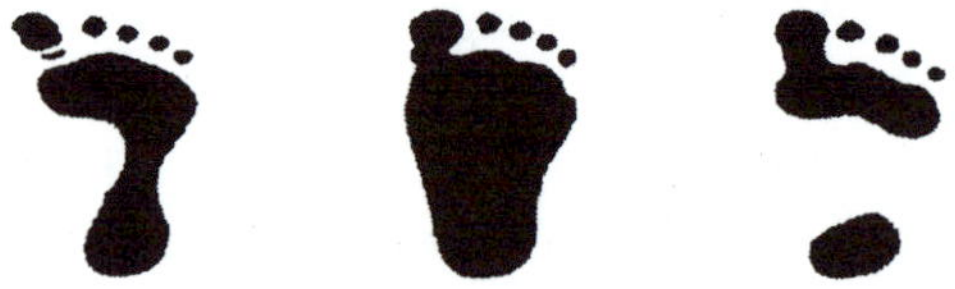

Normal- Platt- Hohlfuß

Wir sorgen vor:
passende Schuhe, Sauberkeit, Gymnastik

Biologie	Hilfe und Information (1)	

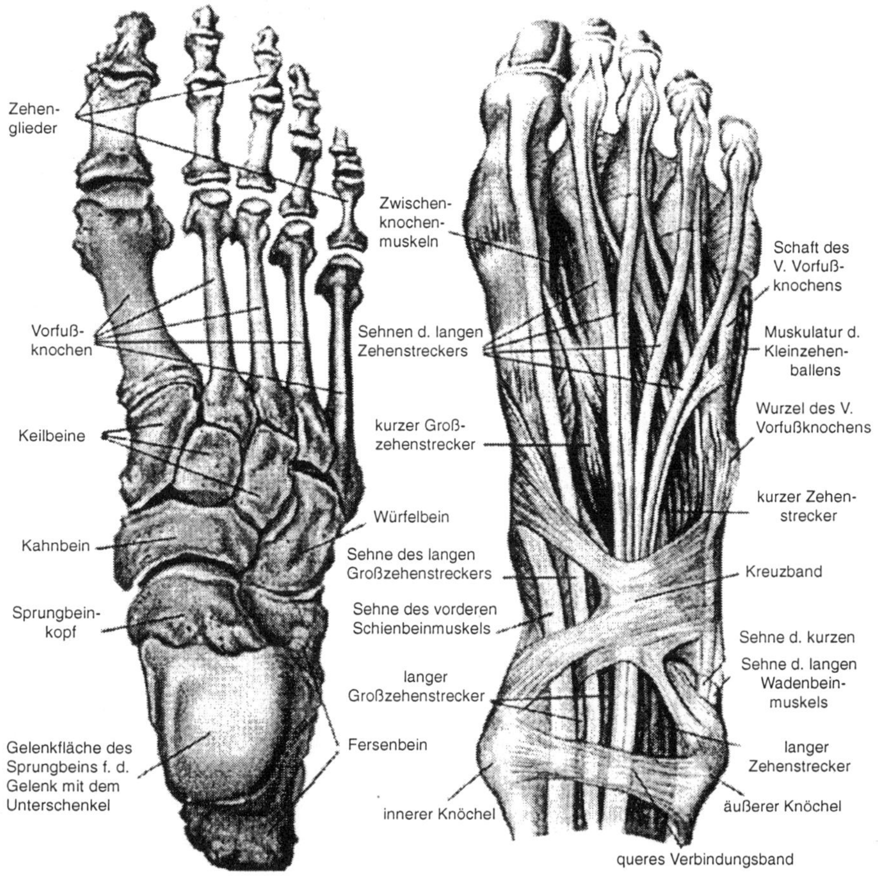

Fußsenkung

nennt man alle Fußleiden, die mit dem Versagen des Fußes als Tragorgan und Einsinken des Gewölbes zusammenhängen. Innere Ursachen sind Fehler im Baumaterial des Fußes, seiner Knochen, Bänder und Muskeln. Der Fuß kann dann die Zug- und Druckspannungen, die durch die Belastung ausgelöst werden, nicht aushalten. Folge: Der Fuß kippt in seinen Gelenken aus der normalen Haltung nach innen um **(Knickfuß)**. Die mangelhafte Härte der Knochen führt dazu, dass diese frühzeitig, besonders am Fußrücken, wo die Druckbelastung am größten ist, nachgeben. Die zu schwachen Bänder dehnen sich. Alles dies führt zur Senkung der Fußgewölbe in sehr unterschiedlichen Graden **(Knick-Senkfuß)**, bis schließlich die Fußgewölbe völlig vernichtet sind **(Plattfuß)**. Anfangs ist der Senkfuß noch locker, d.h. die Verformung kann leicht wieder durch korrigierende Maßnahmen beseitigt werden. Das vordere (Quer-) Gewölbe des Fußes sinkt nicht nur ein, sondern es lockern sich die Querverspannungen des Vorfußes: Er wird breiter **(Spreizfuß)**. Der **Hackenfuß** ist gekennzeichnet durch Steilstellung des Fersenbeins und starke Höhlung des Fußgewölbes. Er entsteht bei Ausfall der Wadenmuskulatur, entweder durch Lähmung oder durch Zerreißen der Achillessehne.

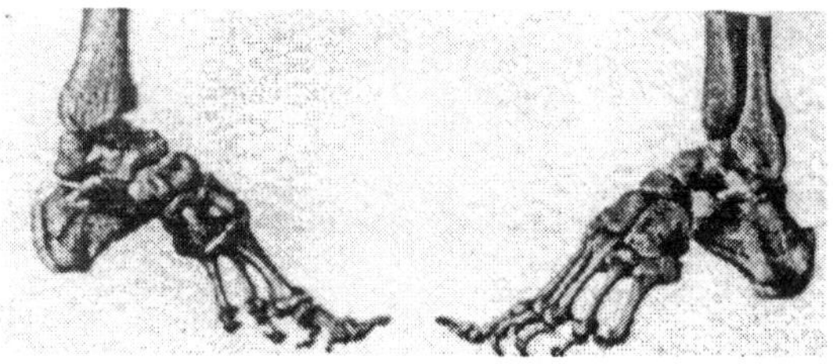

Belastbarkeit des Fußgewölbes

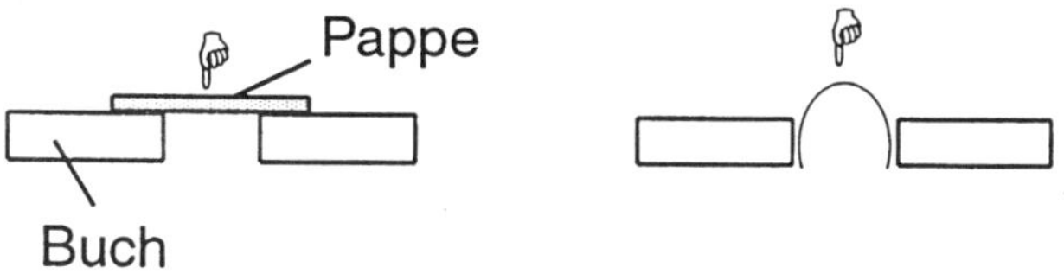

Fußabdruck:

Fußsohle anfeuchten, auf ein Stück Pappe treten, Umrisse mit Bleistift nachfahren

Vergleich mit Brückengewölbe

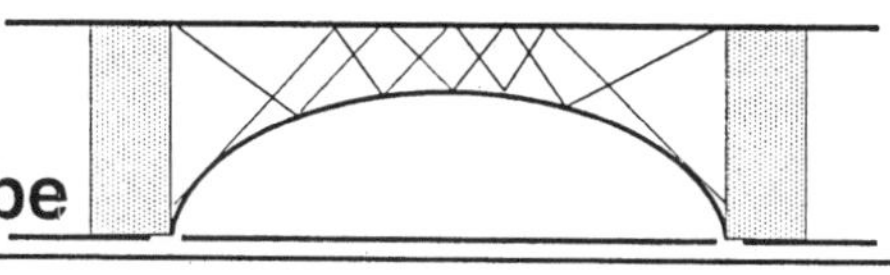

Biologie	Hilfe und Information (2)	

Fußgymnastik

für zwischendurch !

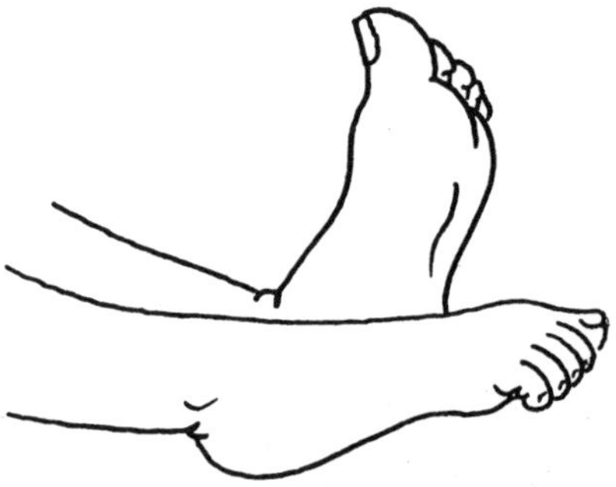

Kräftigung der Unterschenkel
- Sitzen
- Füße abwechselnd so weit wie möglich anziehen und strecken

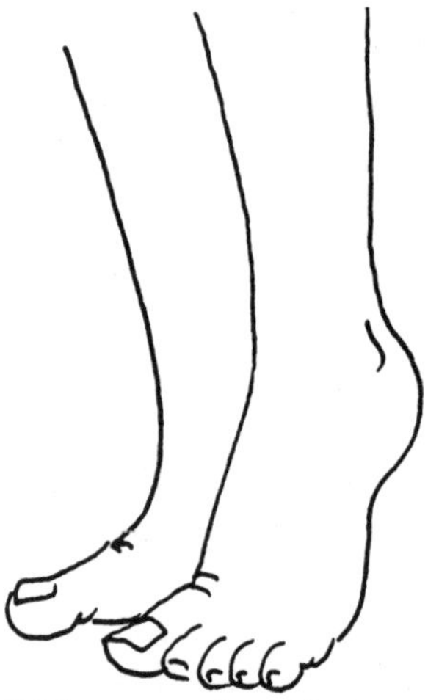

Kräftigung der Unterschenkel
- Abwechselnd auf Zehenspitzen und Fersen gehen

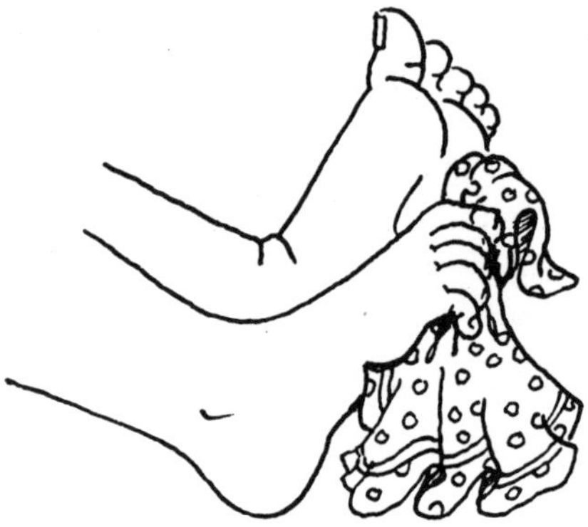

Kräftigung der Unterschenkel
- Sitzen
- ein Tuch abwechselnd links und rechts greifen

Kräftigung der Unterschenkelrückseite
- Hochzehengang, ca. 10m

Kräftigung der Unterschenkelrückseite
- Hüpfen auf weichem Untergrund
- Fußgelenke strecken !

weitere Anregungen: Kruber, Dieter: Wirbelsäulengymnastik 01 und 02, ISBN 3-7911-0182

Kontrollkarten zum Selbsttest (auch als Spiel einsetzbar)

Das Skelett hat drei Aufgaben.	Wie heißen die vier Gelenkarten ?	Wie heißen die Knochen am Schultergürtel ?	Ein Gelenk besteht aus drei Teilen.
Nenne 6 wichtige Gelenke !	Wo sitzt der Schneidermuskel ?	Welche drei Einrichtungen ermöglichen Bewegung ?	Wenn der Beuger entspannt ist, …………
Welche Aufgabe hat Knorpel im Gelenk ?	Welche Art von Gelenk ist das Schultergelenk ?	Wie bewegt sich ein Sattelgelenk ?	Was ist Knochenerde ?
Warum ist unsere Wirbelsäule doppelt- S-förmig gebogen ?	Was sind Bandscheiben und welche Aufgabe haben sie ?	Wie viele Wirbel haben wir an Hals, Brust und Lende ?	Was ist ein Rundrücken ?
Was ist ein Schiefrücken ?	Was ist ein Hohlrücken ?	Was ist ein Bandscheibenvorfall ?	Wie kann ich Haltungsschäden vorbeugen ?
Welche Vorteile bringt die Gewölbeform für Fuß und Körper ?	Was ist ein Plattfuß ?	Drei Aufgaben hat unser Fuß.	Wie kann man der Fußpilzkrankheit vorbeugen ?

Kontrollkarten - Antworten (seitenverkehrt)

Gelenk- - pfanne - kapsel - kopf	Schlüsselbein, Schulterblatt; Oberarmknochen, Elle, Speiche, Handknochen	Kugelgelenk Scharniergelenk Drehgelenk Sattelgelenk	Es - schützt - stützt - ermöglicht Bewegung
.... zieht sich der Strecker zusammen	Muskeln Knochen Gelenke	in der Leiste	z.B. Knie-, Hand-, Hüft-, Ellbogen-, Schulter-, Kiefer- gelenk
kalkhaltiger Knochenanteil	auf und ab	Kugelgelenk	dämpft Stöße
Rücken- streckmuskulatur lässt nach: Gebeugte Haltung	7 H 12 B 5 L	Knorpelscheiben zwischen den Wirbeln; elastische Puffer	hält Belastungen am besten
* richtiges Tragen und Heben * Gymnastik	Bandscheibe reißt; Kern quillt heraus; Schmerzen	falsche WS-Krümmung im Lendenbereich	Seitliche WS - Verbiegungen
- in Feuchträumen nicht barfuß laufen - Schuhe lüften - Füße trocknen - Gymnastik	Er - trägt - federt - stößt Körper ab	Fußgewölbe vernichtet	Fuß und Körper belastbar

THEMA **Verdauung im Mund**

Zähne und Zunge

LERNZIELE

- Die Aufgaben von Zunge, Zähnen und Speichel kennen
- Die Geschmackszonen der Zunge lokalisieren
- Typen, Aufbau von Zähnen und Gebissen kennenlernen
- Die Entstehung von Zahnkrankheiten verstehen und vermeiden
- Bereitschaft zur Zahnpflege und zur Gesunderhaltung des Gebisses
- Begriff Verdauung

ARBEITSMITTEL / LITERATUR

Arbeits- und Informationsblätter, Folien, aktuelle Zahnbroschüren
Zahnspiegel, Rinderzähne, Lupen, Messer, Schleifpapier

Scharf/Jungbauer: Folienatlas Mensch und Gesundheit, Baierbrunn 1994
hier verwendet: Der Gesundheits-Brockhaus, Wiesbaden 1953

FOLIE, eventuell zur Hinführung

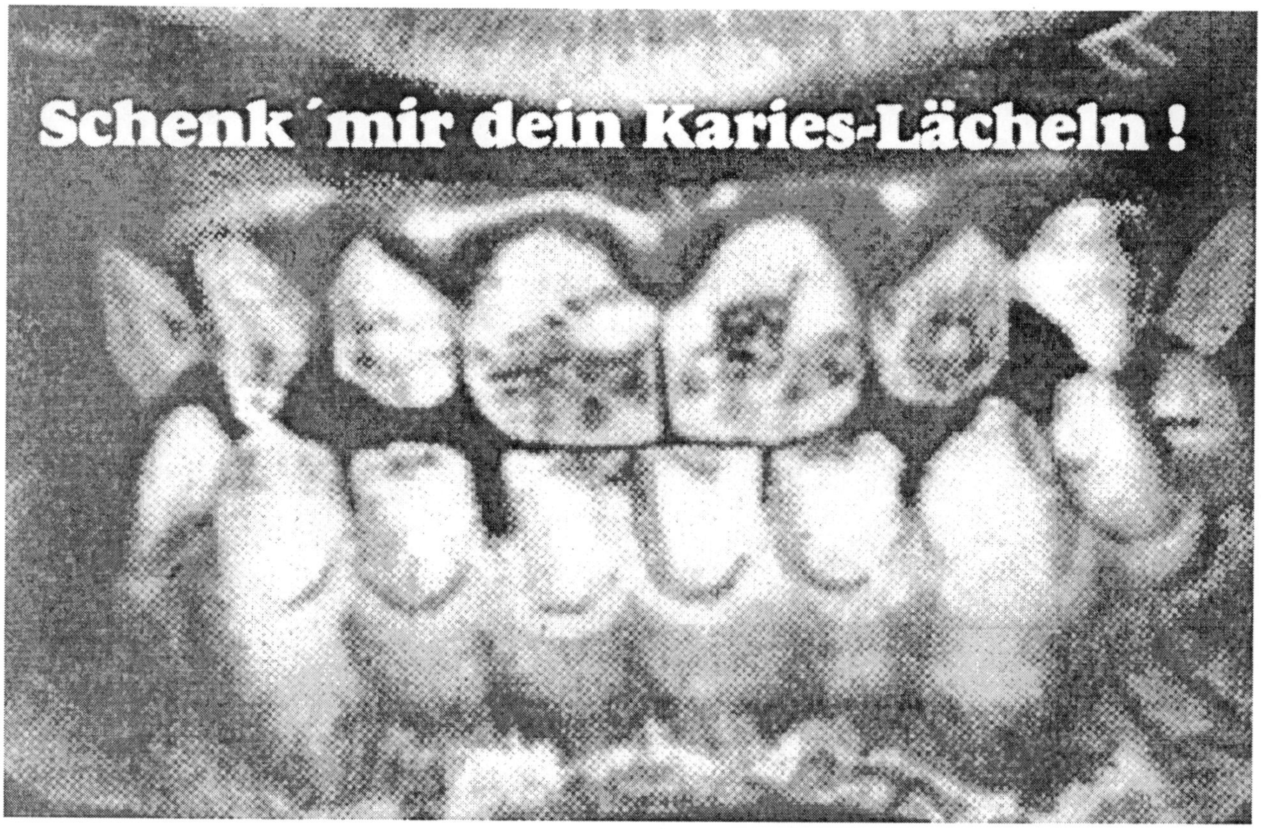
Schenk´mir dein Karies-Lächeln !

STUNDENVERLAUF

I. Hinführung

Motivation	TA	Spruch GUT GEKAUT IST HALB VERDAUT
Vorwissen	FUG	- Meinungen, Erfahrungen
Zielangabe	TA / AB	Verdauung im Mund

II. Erarbeitung

Begriff	Infotext	Was ist Verdauung ?
Fixieren, sichern	UG, TA / AB	

1. TZ: Aufgaben von Zähnen, Zunge, Speichel

Veranschaulichen	PA, Brot	Schü beobachten Partner, der ein Stück Brot abbeißt, bei geöffnetem Mund kaut undschluckt
Verbalisierung	UG	Beobachtungsergebnisse
Information	AB, Infotexte	Aufgaben von Zunge und Speichel
Versuche	PA / GA	* Geschmackszonen der Zunge * Brotkauen: Stärkeumwandlung (s.Anhang)
Verbalisierungen	UG	
Sicherung	AB	Lückentexte

2. TZ: Unsere Zähne

Provokation	Folie	Bild: Karieszähne
Vorwissen	FUG	Eigene Erfahrungen einbringen
Zielangabe	TA/AB	Was wir von den Zähnen wissen müssen
Information und Untersuchungen	Infoblätter, Broschüren, Materialien Modelle in EA / PA	* z.B. Rinderzahn untersuchen (Anhang!) * Gebissformel am Spiegel erkunden * Infotexte auswerten
Verbalisierungen,	UG	
Sicherung	AB	Zahntypen, Aufbau, Gebisse
Vorwissen	EA Zahnputzzeug	Richtiges Zähneputzen: Regeln und Anwendung
Zusammenfassung	UG	Wenn ich keine Zähne mehr hätte....

III. Ausweitung

Rückgriff	Folie	Und wenn ´s doch passiert ist ?
Erfahrungen	FUG	..mit Spangen, Brücken....
Information	Blatt	Infoblatt Zahnkrankheiten
Verbalisierung und Anwendung	AB	Lückentexte Karies, Zahnschäden
Regelbildung	TA, AB	So beuge ich vor

Biologie

Unsere Zähne

Die 3 Typen

Ein ____________ zum ____________

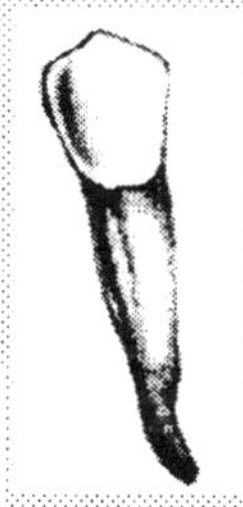

Ein ____________ zum ____________

Ein ____________ zum ____________

Das ist er !

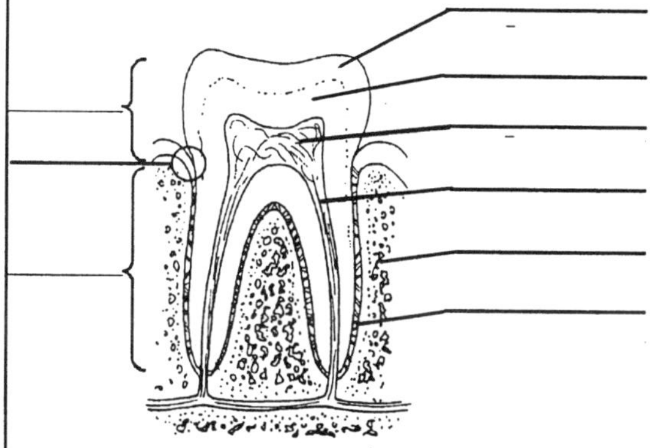

Unsere Gebisse

Beschrifte die Zähne der Oberkiefer. Vergleiche !

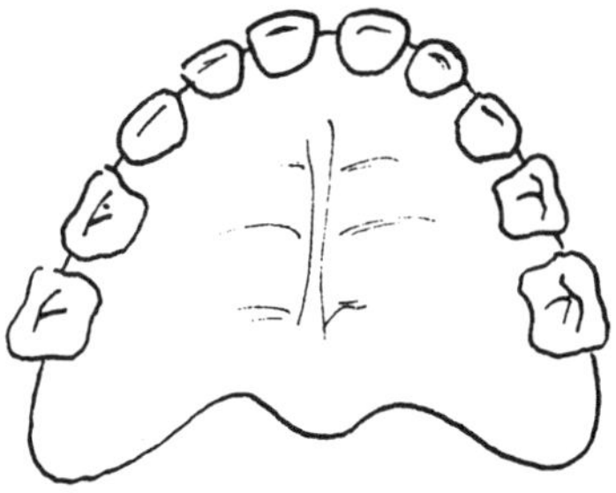

Milchgebiss

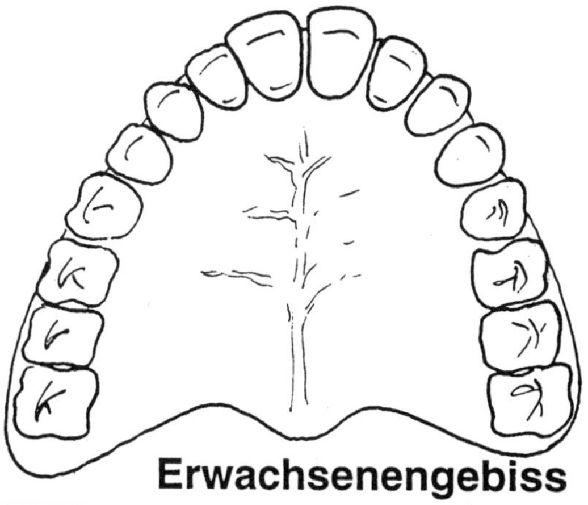

Erwachsenengebiss

.... und das regelmäßig !

Wie soll man die Zahnbürste führen ? Zeichne Pfeile ein !

vorne

außen

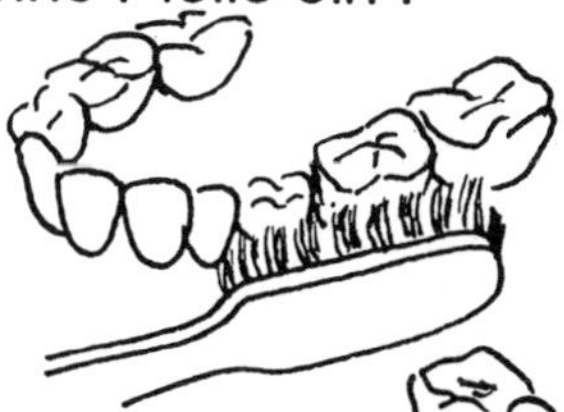

oben
unten

innen

Biologie

Unsere Zähne

Die 3 Typen

Ein Schneidezahn **zum** Abbeißen

Ein Eckzahn **zum** Festhalten

Ein Backenzahn **zum** Zermalmen

Das ist er !

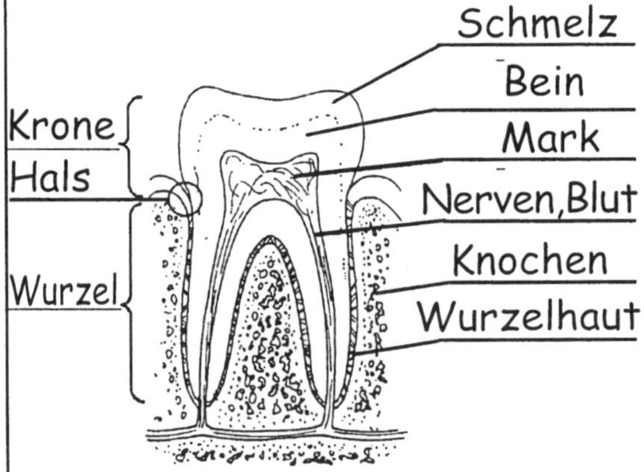

Unsere Gebisse

Beschrifte die Zähne der Oberkiefer. Vergleiche !

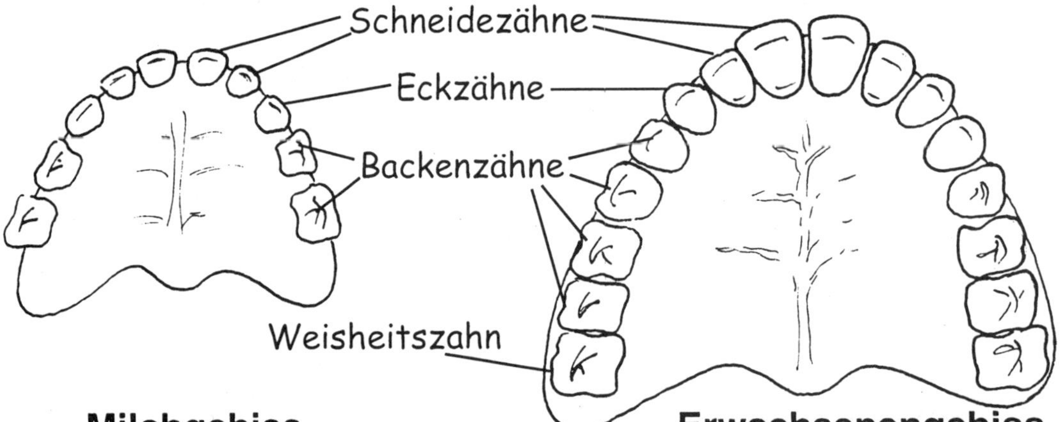

Milchgebiss **Erwachsenengebiss**

.... und das regelmäßig !

Wie soll man die Zahnbürste führen ? Zeichne Pfeile ein !

vorne

oben unten

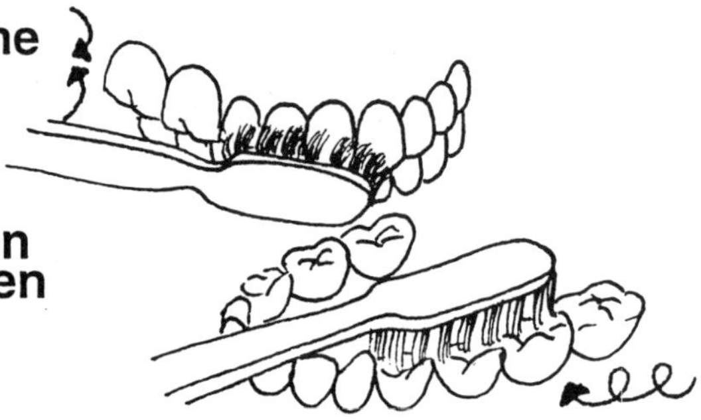

außen

innen

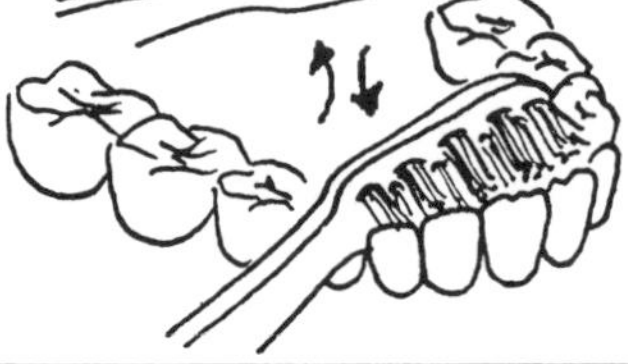

Biologie		

Unsere Zähne:

Und wenn ´s doch passiert ist?

Ursachen:

_____________ zersetzen ____________
Nahrungsreste (Zahn________________)
Dabei entstehen ____________________
Durch feine _________ im ____________
dringen die ____________ ins _________
und zersetzen es.
Wird die Karies nicht behandelt, kommt es
zu gefährlichen ___________________
von Zahnmark und _________________.

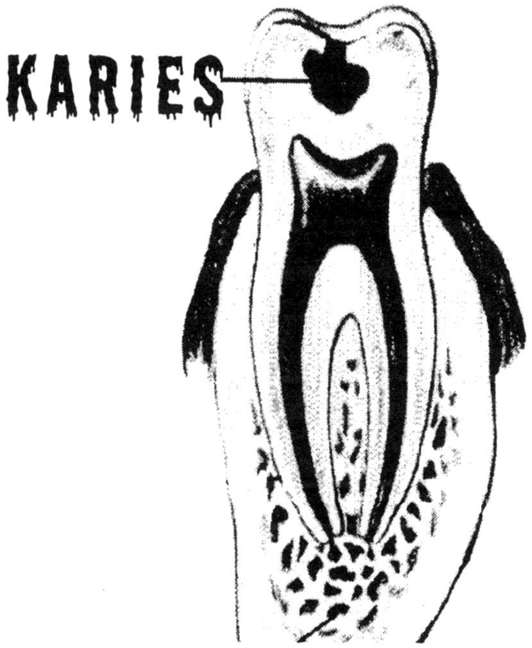

Vorbeugung:

- gründliche___________________
- intensives ___________________
- sinnvolle ____________________
- regelmäßige ___________ durch den_______________________

So behandelt der Zahnarzt die Zahnschäden:

Erkläre: a) Welcher Zahnschaden liegt vor ? b) Was kann der Zahnarzt tun ?

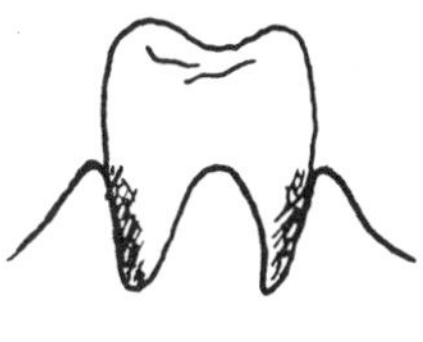	**a)**_______________ b)_______________ _______________ _______________ _______________	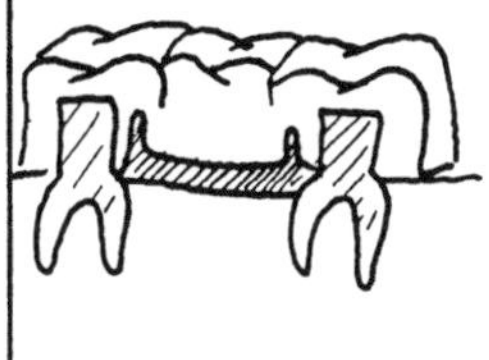	**a)**_______________ b)_______________ _______________ _______________ _______________
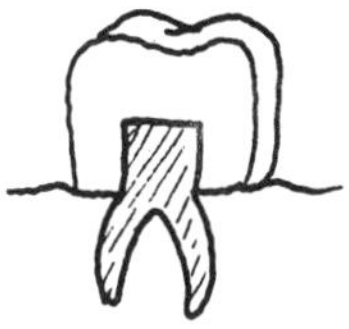	**a)**_______________ b)_______________ _______________ _______________ _______________	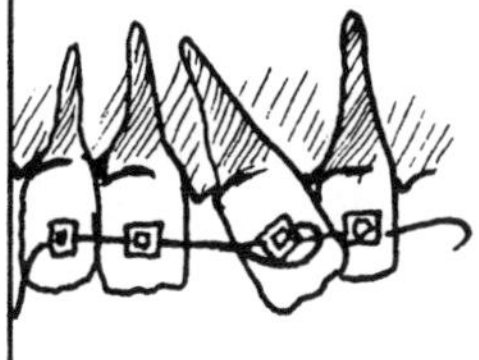	**a)**_______________ b)_______________ _______________ _______________ _______________

Biologie		

Unsere Zähne:

Und wenn ´s doch passiert ist?

Ursachen:

Bakterien zersetzen süße
Nahrungsreste (Zahn belag)
Dabei entstehen Säuren
Durch feine Risse im Zahnschmelz
dringen die Säuren ins Zahnbein
und zersetzen es.
Wird die Karies nicht behandelt, kommt es
zu gefährlichen Entzündungen
von Zahnmark und Wurzelhaut.

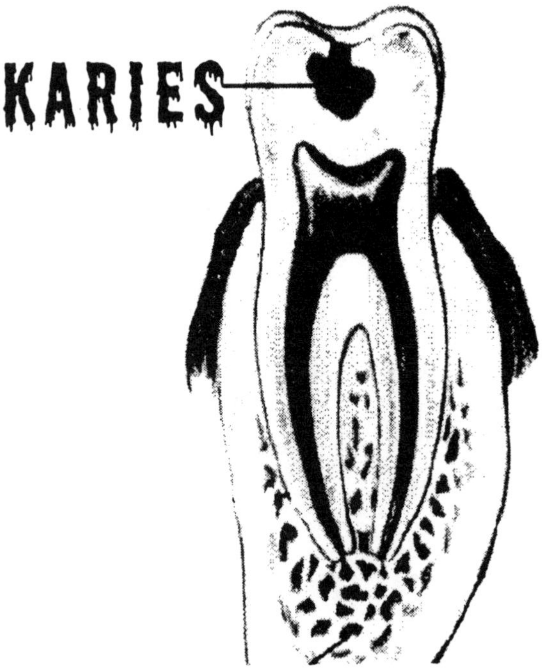

Vorbeugung:

- gründliche Zahnreinigung
- intensives Kauen
- sinnvolle Ernährung
- regelmäßige Kontrolle durch den Zahnarzt

So behandelt der Zahnarzt die Zahnschäden:

Erkläre: a) Welcher Zahnschaden liegt vor ? b) Was kann der Zahnarzt tun ?

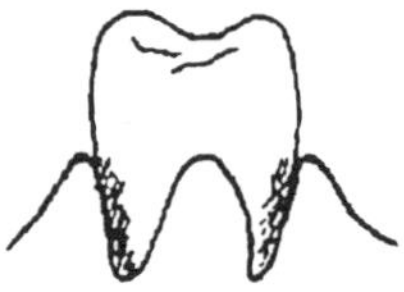

a) Wurzelhautentzündung
b) Wurzelbehandlung

Abtötung des Nervs

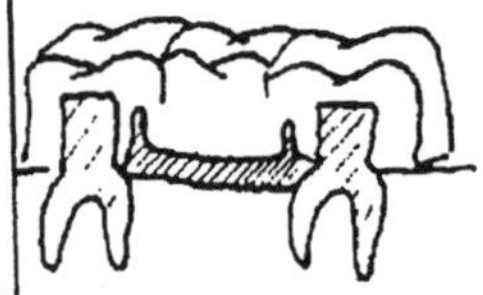

a) Zerstörung: Karies
b) Ziehen, Brücke
Fehlender Zahn wird zwischen zwei gesunde gehängt

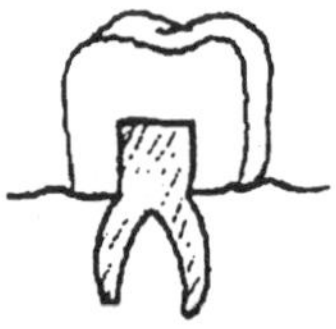

a) Zerstörung: Karies
b) Krone
Über den abgeschliffenen Zahnstumpf wird ein künstlicher Zahn geklebt

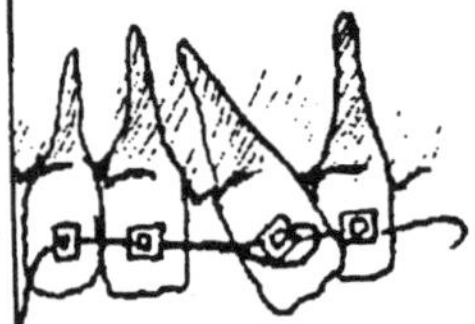

a) Fehlstellung
b) Mit Zahnspange anpassen

Biologie		

Die Verdauung beginnt ___

Verdauung bedeutet:
Die **wasserunlöslichen** Nährstoffe werden auf ihrem Weg zum ___ in ___ Bestandteile zerlegt.

Speichel

- wird von vielen ___ in der Mundschleimhaut ausgeschieden
- wandelt ___ in ___ um
- macht die Nahrung ___
- reinigt die ___

Nur in Verbindung mit der Nasenatmung können wir ___ !

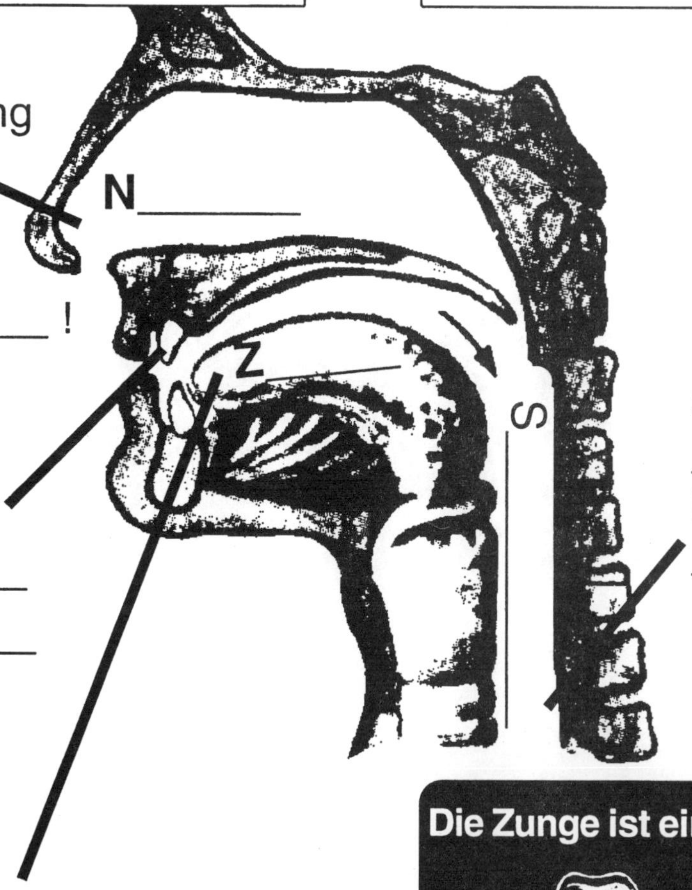

Sie befördert die ___ Nahrung zum ___.

Zum ___ und ___ der Nahrung

mechanisch:
Die Zunge ___ den Nahrungsbrei zu den ___ und zur ___.

chemisch:
Mit der Zunge können wir die vier ___ feststellen.

Die Zunge ist ein ___

Kennzeichne im Bild

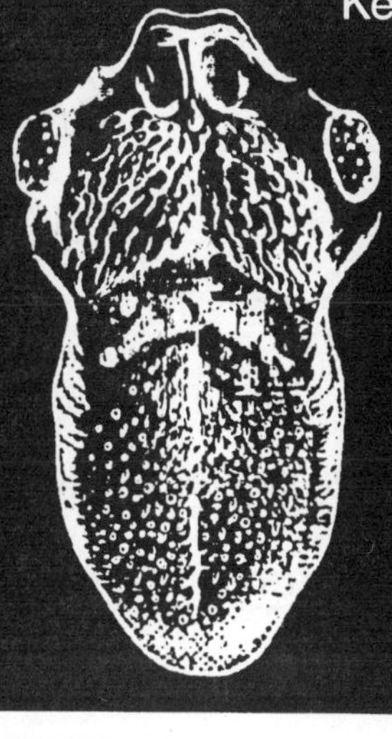

sauer rot

bitter blau

salzig grün

süß gelb

Biologie

Die Verdauung beginnt im Mund

Verdauung bedeutet:

Die **wasserunlöslichen** Nährstoffe werden auf ihrem Weg zum Dünndarm in wasserlösliche Bestandteile zerlegt.

Speichel

- wird von vielen Drüsen in der Mundschleimhaut ausgeschieden
- wandelt Stärke in Zucker um
- macht die Nahrung gleitfähig
- reinigt die Zähne

Nur in Verbindung mit der Nasenatmung können wir schmecken!

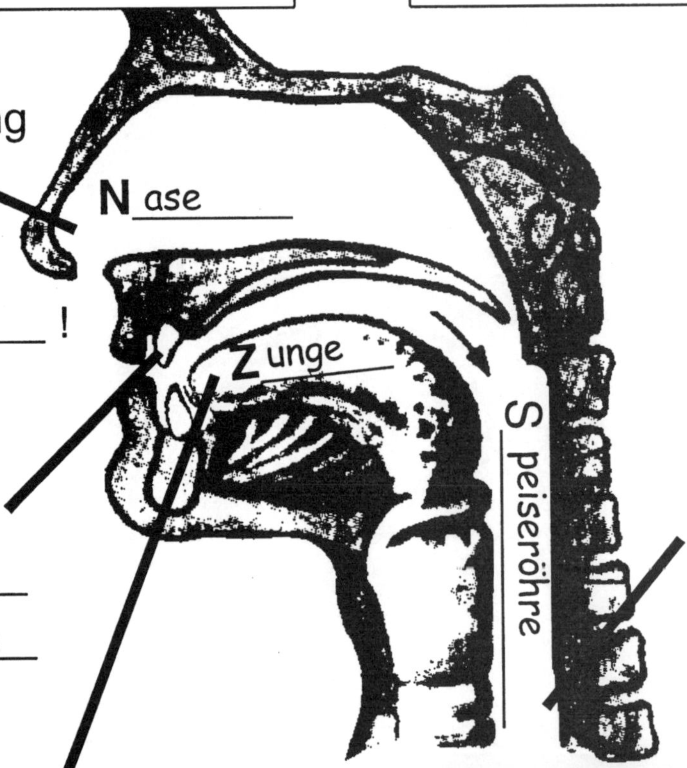

Sie befördert die aufgeweichte Nahrung zum Magen.

Zum Abbeißen und Zerkleinern der Nahrung

mechanisch:

Die Zunge schiebt den Nahrungsbrei zu den Zähnen und zur Speiseröhre.

chemisch:

Mit der Zunge können wir die vier Geschmacksrichtungen feststellen.

Die Zunge ist ein Sinnesorgan

Kennzeichne im Bild

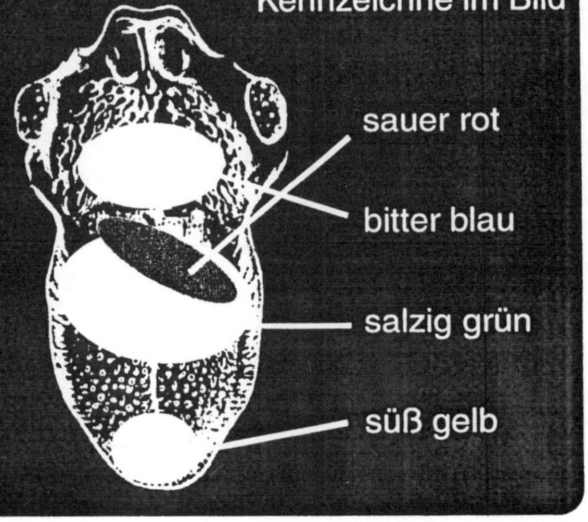

Biologie	Hilfe und Information (1)	

Zunge

Versuche zur Lokalisierung der Geschmackszonen:

1. süß: 2 g Zucker auf 100 ccm Wasser
2. sauer: 1 Tl. Essig, 1 Tl. Wasser
3. bitter: 5g Bittersalz, 100 ccm Wasser
4. salzig: 2 g Kochsalz, 100 ccm Wasser

Vier Probanden mit verbundenen Augen; mit Pinsel jeweils einen Tropfen auf
- die Zungenspitze;
- den vorderen Zungenrand;
- den hinteren Zungenrand;
- den Zungengrund.

Ergänzung: Jeweils auch die Nase zuhalten

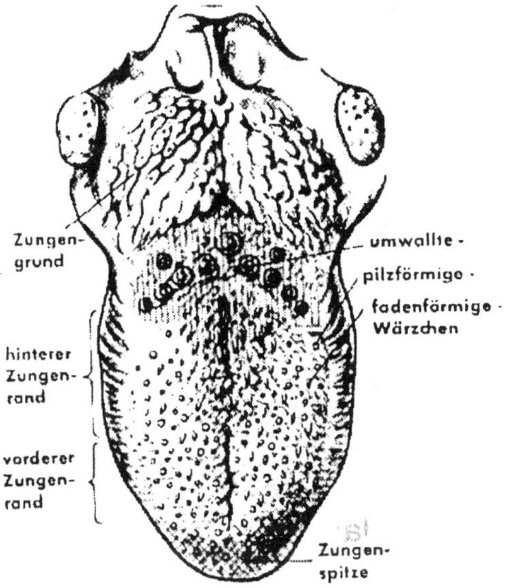

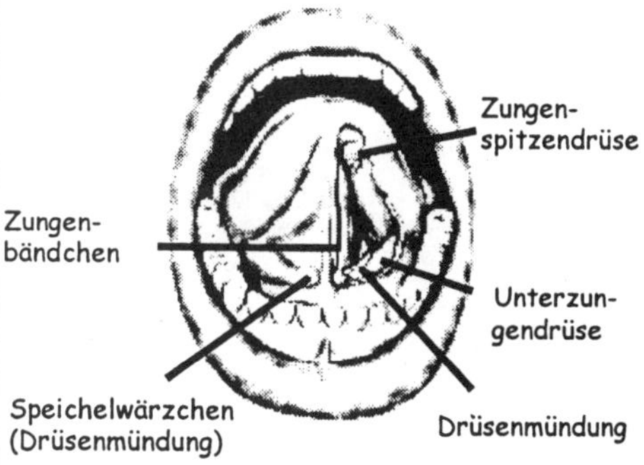

Die Zunge ist als stark muskulöses Gebilde in ihrer Funktion entscheidend für die Sprache, das Schlucken und für das Kauen. Durch verschieden geformte Papillen ist die Zungenoberfläche verhältnismäßig rauh. Am rückwärtigen Teil der Zunge sitzen die Geschmacksknospen. Bei hochgestreckter Zunge sieht man das dünne Zungenbändchen, das nach dem weichen, stark beweglichen Mundboden zieht.

SPEICHEL

* Speichel wird vor allem von der Ohrspeicheldrüse, der Unterkieferdrüse und der Unterzungendrüse in die Mundhöhle ausgeschieden. Daneben bilden zahlreiche kleine und kleinste Drüsen der Mundschleimhaut, besonders am Mundboden, Speichel und Schleim. Die Tagesmenge schwankt zwischen 1 bis 2 Liter.
* Speichel enthält schwache Säuren, Eiweiß und Hilfsstoffe (Enzyme). Letztere leisten eine Vorverdauungsarbeit bei Kohlehydraten (Stärke umgewandelt in Zucker).
* Speichel macht die Nahrung gleitfähig und den einzelnen Bissen schluckreif.
* Der Speichel hilft bei der natürlichen Reinigung der Zähne. Bei Speichelarmut kann sich die Mundschleimhaut eher entzünden und man wird anfälliger für Zahnkaries.
* Die Menge des abgesonderten Speichels ist auch abhängig von der Tätigkeit des ganzen Kauorgans: Je intensiver gekaut wird, um so stärker ist die Speichelabsonderung. Allein die Vorstellung wohlschmeckender Speisen allein verstärkt die Speichelabsonderung.

VERSUCH: Kaue ein Stück Brot (ohne Rinde) einige Minuten lang. Achte dabei auf die Änderung des Geschmacks !

Die Verdauung beginnt im Mund mit dem Zerkleinern und Zermahlen der Speisen durch die Zähne und mit der Umwandlung der Stärke in Zucker durch den Mundspeichel.

Biologie	Hilfe und Information (2)	

Gut gekaut ist halb verdaut
oder: **Unsere Zähne**

....verdaut ??
Der Dünndarm nimmt nur die Nährstoffe auf, die in Wasser löslich sind. Eiweiß, Fett und Stärke sind nicht wasserlöslich. Sie wären also für die Ernährung verloren, wenn sie nicht auf dem Weg vom Mund bis zum Darm in wasserlösliche Stoffe umgewandelt würden. Dieses Umwandeln besorgt die Verdauung. Und die Verdauung beginnt im Mund.

Das Hinabschlingen großer Brocken verursacht Schlingbeschwerden und Magendrücken. Manche Nahrungsmittel, z.B. Linsen oder Johannisbeeren, gehen im Stuhlgang völlig ungenützt wieder ab, wenn sie nicht zerbissen wurden, da ihre Haut den Verdauungssäften widersteht. Je feiner die Speisen zerkleinert werden, desto wirksamer können sie von den Verdauungssäften bearbeitet werden.

Unser Gebiss

Aufgaben:

* Betrachte im Spiegel dein Gebiss.
Die Gebissformel des Erwachsenen (32 Zähne) lautet

$$\frac{5\,1\,4\,1\,5}{5\,1\,4\,1\,5}$$

Deine Gebissformel ?

* Beiße ein Stück Brot ab. Kaue bei geöffneten Lippen. Stelle fest, in welcher Reihenfolge die Zähne drankommen, was sie zu tun haben und welche Rolle die Zunge dabei spielt !

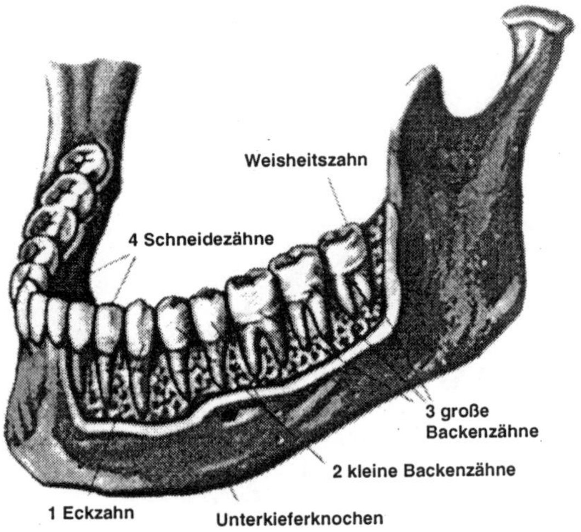

Der Zahn

Untersuchung: Vorderzähne des Rindes; durch Abschleifen Einblick in das Zahninnere; Härtetest mit Lupe und Messer

Der Zahn steckt mit der **Zahnwurzel** in einem Zahnfach des Kieferknochens. Durch die **Wurzelhaut** ist er mit der Wand des Zahnfachs verbunden. Vom Zahnfleisch verdeckt ist der kurze **Zahnhals**. Frei in den Mund hinein ragt die **Zahnkrone**. Der **Zahnschmelz** ist hart und spröde, die härteste vom menschlichen Körper gebildete Substanz. Er ist tote anorganische Substanz und nicht regenerationsfähig.
Nach innen folgt das **Zahnbein**, das knochenähnlich gebaut ist. Es ist von Nervenfasern durchsetzt. Die **Zahnhöhle** ist von Nerven und Blutgefäßen durchsetzt. Festgehalten wird der Zahn im Zahnfach durch den **Zement**, eine knochenähnliche Substanz.

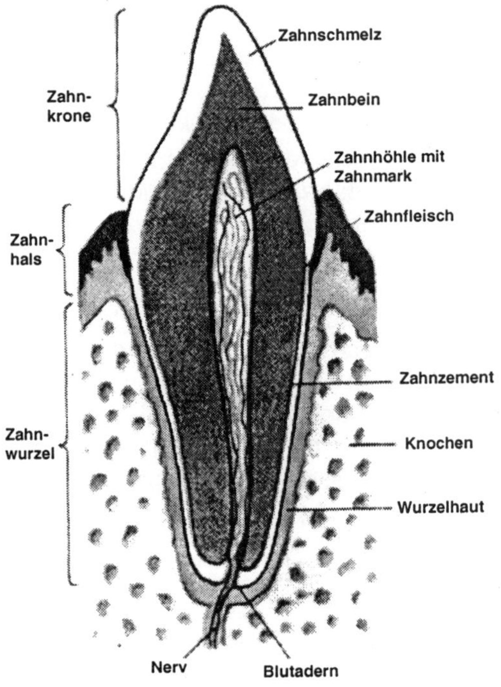

Biologie	Hilfe und Information (3)	

Karies (Zahnfäule)

Durch Überbelastung kann der spröde Zahnschmelz feine Risse bekommen. Durch Bakterien gebildete Säuren dringen darin ein, zersetzen das Zahnbein und höhlen so den Zahn aus.
Behandlung: Ausbohren und Schließen der kranken Stelle mit einer Plombe. Folgeschäden (bei Nichtbehandlung): Zahnmarkentzündung, Wurzelhautentzündung, Fistel, Cyste
Vorbeugung: Gründliche Zahnreinigung, intensives Kauen, sinnvolle Ernährung, regelmäßige Kontrolle durch den Zahnarzt

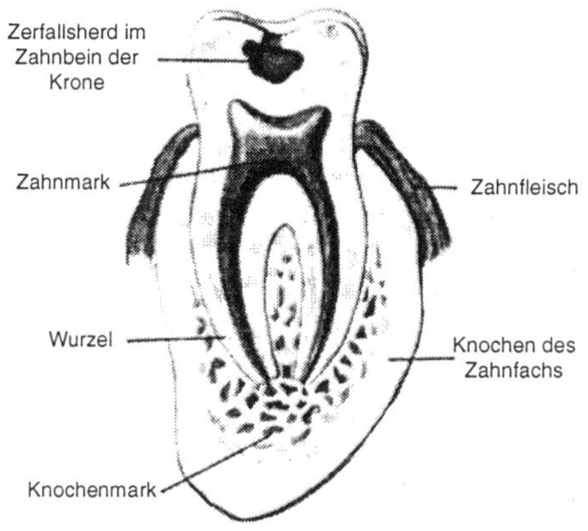

Parodontose (Zahnfleischschwund)

Parodontose ist eine Erkrankung des Zahnbetts: Das Zahnfleisch weicht allmählich zurück, die Wurzel wird sichtbar, der Zahnhals ist empfindlich auf Berührung, Temperaturschwankung und Zucker.
Wichtigste Maßnahme: Saubere Zustände in der Zahnumgebung schaffen !

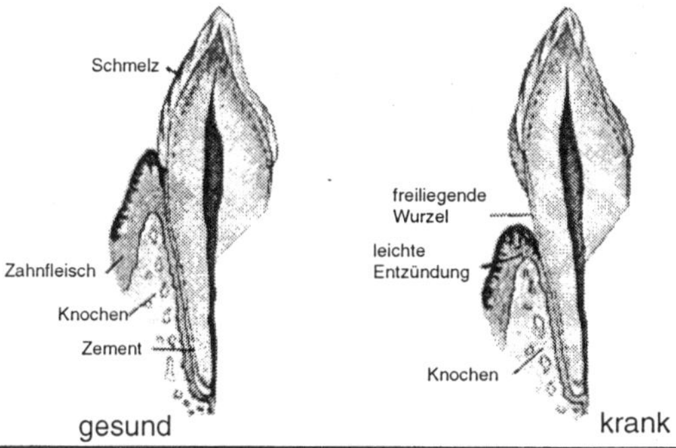

Zahnbrücke

Ein fehlender Zahn wird zwischen zwei gesunde eingehängt, wobei die beiden gesunden Zähne als Brückenpfeiler dienen.

Zahnkrone

Ist ein Zahn nicht mehr zu retten, kann über den abgeschliffenen Stumpf eine Krone aus Porzellan oder Kunststoff angebracht werden.

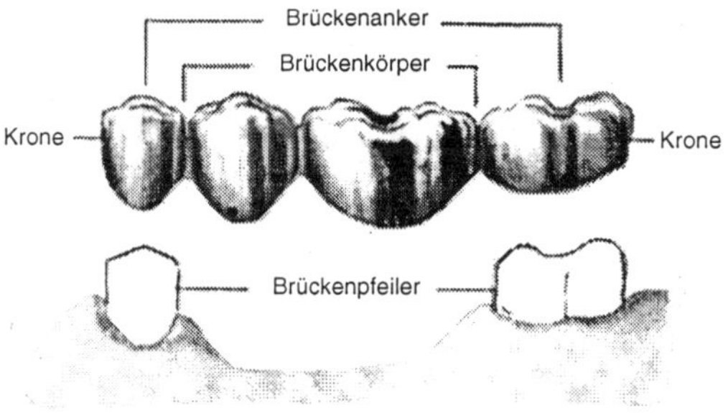

Beispiel einer viergliedrigen Brücke

Durchbruchszeiten

(1,2,3....: Reihenfolge des Durchbruchs)

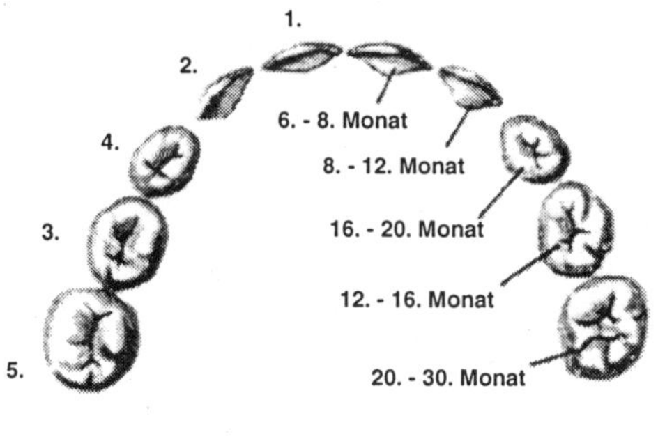

Durchbruchszeiten der Miilchzähne

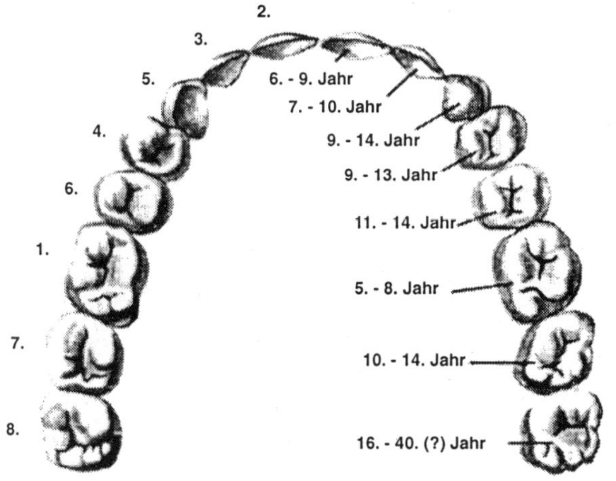

Durchbruchszeiten der bleibenden Zähne

Biologie

Zahnbelag

(rasterelektronenmikroskopische Aufnahme)

Bild aus : I feel good, EMS Deutschland GmbH, München 1998

THEMA **Wir müssen uns ernähren**

Nahrung und Nährstoffe

LERNZIELE

- Die 7 Grundstoffe benennen: Eiweiß, Fett, Kohlenhydrate, Vitamine, Mineralien, Wasser, Ballaststoffe
- Die Aufgaben dieser Grundstoffe im menschlichen Körper erfahren
- Wissen, dass der Körper die Grundstoffe aufbereiten muss (Begriff: Verdauung)
- Nahrungsmittel auf ihren Nährwert hin untersuchen
- Bereitschaft zu gesunder Ernährung

ARBEITSMITTEL / LITERATUR

Arbeits- und Informationsblätter, Nährstofftabellen
Broschüren, z.B. *Schul fit*, Landesvereinigung der Bayerischen Milchwirtschaft, München
Nahrungsmittel (Beispiele aus der Nahrungspyramide und zur Bereitung gemeinsamer Essen

Ernährungspyramide nach *Kellogg GmbH,Bremen*

TAFELBILD: vgl. AB *Wir müssen uns ernähren*

FOLIENBILDER

STUNDENVERLAUF

I. Hinführung

Sprechanlass	Folienbild 1	Gelenktes Gespräch über zu viel / zu wenig Nahrung; Vorwissen der Schüler
Zielangabe	TA	**Wir müssen uns ernähren**

II. Erarbeitung

1.Teilziel: ***Warum ?*** *und* ***Wie ?***

Provokation	Folienbild 2	Aussprache; Begriffe *Verdauung, Nährstoffe*
Sicherung	TA, AB	

2. Teilziel: ***Was*** *(brauchen wir/ sollen wir essen)***?**

Informations-entnahme	Infoblatt, atlg.GA	Nährstoffe und deren Bedeutung
Sammeln der Ergebnisse	AB	Fett, Eiweiß, Zucker ......
Rückgriff/Impuls	auf Fol.1	Manche Leute erwischen zu viel Zucker....
Aussprache	AB, UG	Einbringen des Vorwissens; Ernährungsvorschlag auf AB; Schätzen der Anteile (%);
	AB	Beschriftung, Information (%)
Zusammenfassung	UG/TA	Was wir brauchen: Symbole an Tafel; WH der Nährstoffe

3. Teilziel: ***Richtig ernähren***

Information Berechnungen	UG / PA, AB	Begriffe *Nährstoff-, Energiebedarf, Energiewert*

III.Anwendungen

1. Merkhilfen	AB, EA, UG	Sprüche und Einsichten
2. Individuelle Nahrung	AB, EA	Arbeit mit der Nährwerttabelle, Berechnen und Zusammenstellen von Menüs
3. fachübergreifend		Bereich Hauswirtschaft: Bereiten von " gesunden " Essen nach Anteilsbild (AB 1)

Biologie

Wir müssen uns ernähren

Warum ?

Wir müssen uns ernähren, weil der Körper ______________ braucht. ______________ haben wir vor allem nach ______________.

Was ?

Mit jedem Bissen nehmen wir ______________ und ______________ Stoffe zu uns.

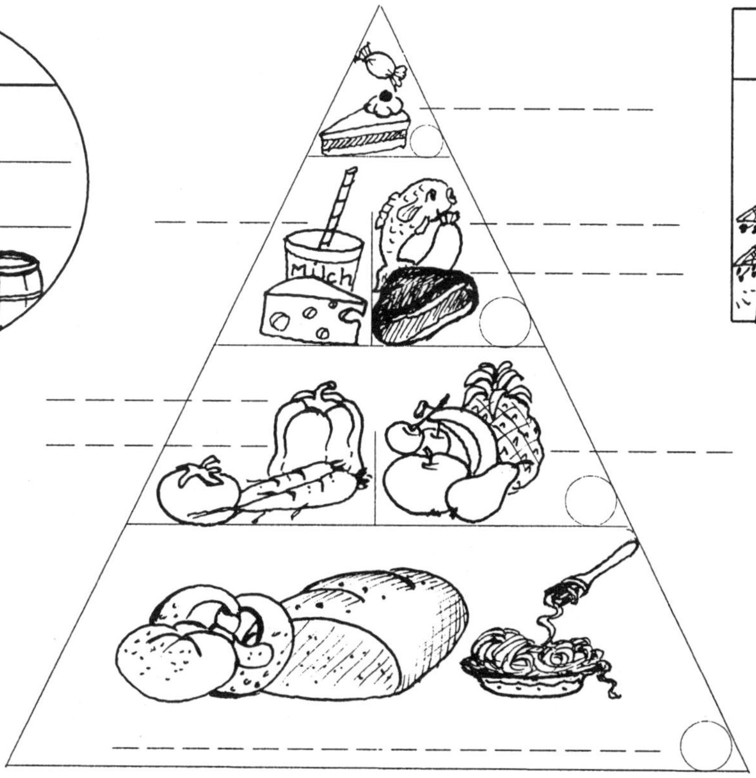

in %

für alle Lebensvorgänge

für die

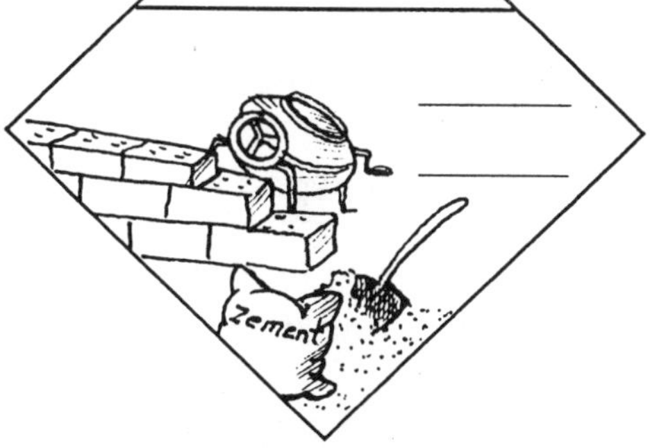

Wie ?

Der Körper ______________ sich aus der Nahrung die ______________ Stoffe heraus. Der Rest wird ______________.

Dieser Vorgang heißt ______________

Biologie

Wir müssen uns ernähren

Warum ?

Wir müssen uns ernähren, weil der Körper Nährstoffe braucht.
Hunger haben wir vor allem nach Anstrengungen.

Was ?

Mit jedem Bissen nehmen wir brauchbare und unbrauchbare Stoffe zu uns.

Fett

Lager-stoff

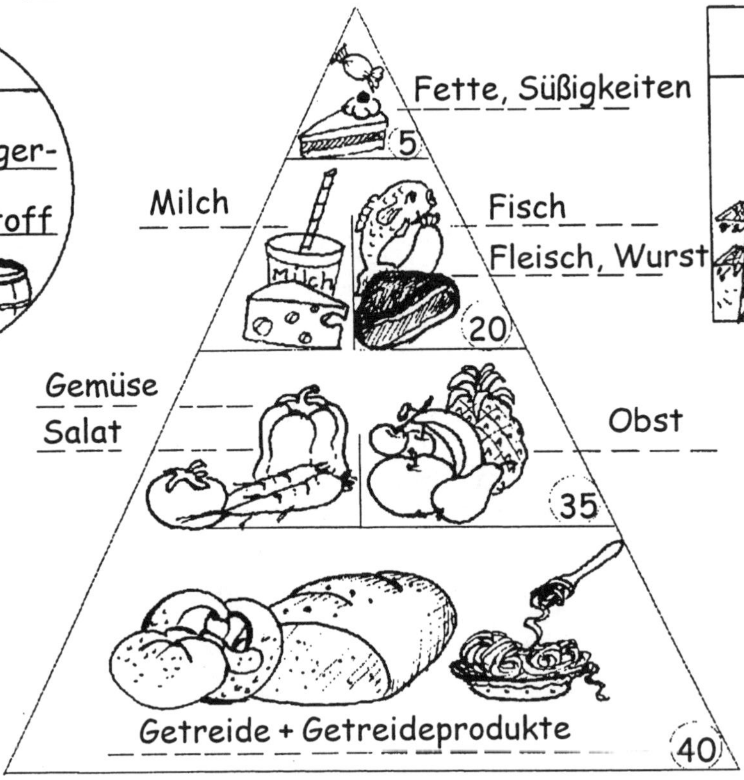

Kohlehydrate

Energie-stoff

Wasser

für alle Lebensvorgänge

Vitamine Mineralien

für die Gesund-heit

Eiweiß

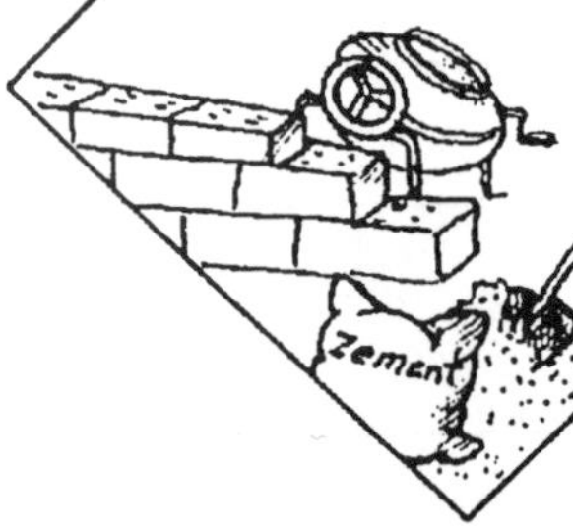

Bau-stoff

Ballaststoffe

Wasserspeicher

quellen im Dickdarm gegen Verstopfung

Wie ?

Der Körper holt sich aus der Nahrung die brauchbaren Stoffe heraus. Der Rest wird ausgeschieden.

Dieser Vorgang heißt VERDAUUNG

Gesund ernähren

Sprüche und Einsichten

Von allem etwas:
Nicht zu viel, aber
______________ !

Iss mäßig, aber
______________ !

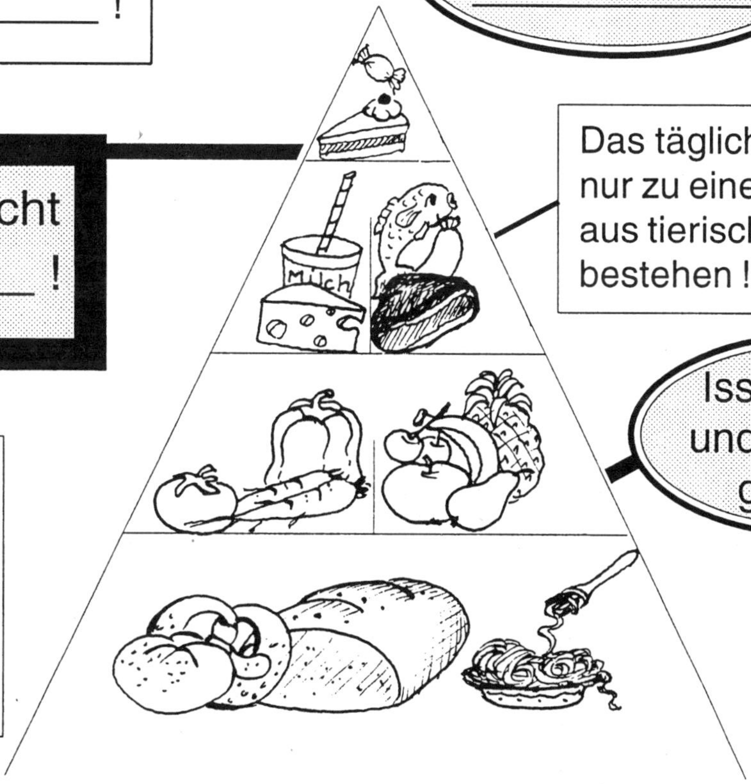

Fett macht
________ !

Das tägliche Essen sollte nur zu einem __________ aus tierischen Produkten bestehen !

Fresser und **Säufer** verstehen nichts vom Essen und vom Trinken.
(J.A.Brillat-Savarin)

Iss mehr______
und du bleibst
gesund !

Iss zu jeder Mahlzeit etwas aus

____

und:

Essen und __________
gehören zusammen !
(Jeden Tag ca. ________ Liter Flüssigkeit trinken !)

Gut gekaut
ist halb ____________ !

Ein voller Magen in der Nacht
hat manchen um den ________ gebracht !

Biologie

Gesund ernähren

Sprüche und Einsichten

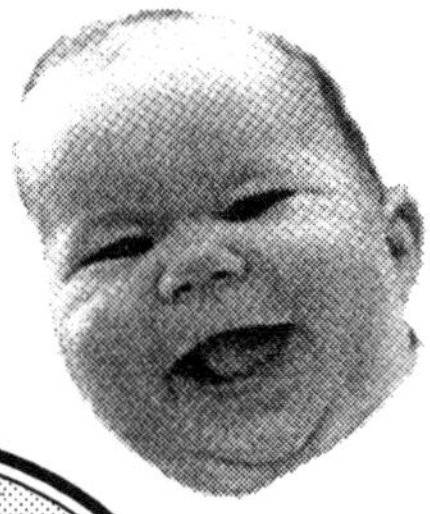

Von allem etwas:
Nicht zu viel, aber
vielseitig !

Iss mäßig, aber
regelmäßig !

Fett macht
dick !

Das tägliche Essen sollte nur zu einem Teil aus tierischen Produkten bestehen !

Iss mehr Obst und du bleibst gesund !

Fresser und **Säufer** verstehen nichts vom Essen und vom Trinken.
(J.A.Brillat-Savarin)

Iss zu jeder Mahlzeit etwas aus

Getreide

und:

Essen und Trinken gehören zusammen !
(Jeden Tag ca. 1-2 Liter Flüssigkeit trinken !)

Gut gekaut
ist halb verdaut !

Ein voller Magen in der Nacht
hat manchen um den Schlaf gebracht !

Biologie

Ich bin zu dick ! ?

Ich berechne **meinen** BMI:

Body Mass Index *

$$BMI = \frac{\text{Körpergewicht in kg}}{(\text{Körpergröße in m})^2}$$

Magersucht

ist die Weigerung, dem Hunger nachzugeben, also ein Nicht-Essen. Magersüchtige sind untergewichtig, finden sich aber zu dick. Oft treiben sie noch extremen Sport, um das niedrige Gewicht zu halten.

BMI- Ergebnis

unter 18: Zu wenig, zum Arzt !
18-20: Tendenz zu Untergewicht
20-25: Gesundheitlich sicher
26-30: leichtes Übergewicht
über 30: Abnehmen !

ÜBERGEWICHT

ist bei uns verpönt. Dicke Menschen, besonders übergewichtige Mädchen, gelten als maßlos und unästhetisch. Die Diskriminierung beginnt früh: Im Kindergarten werden sie verspottet und abgelehnt. Sie werden als weniger niedlich wahrgenommen. Ihr Alltag und ihre Mahlzeiten sind begleitet von Ermahnungen, weniger zu essen; oft erfahren sie auch, dass sich ihre Eltern und Geschwister ihrer schämen.

Ich bin dieser Esstyp:

- ❍ Daueresser, unkontrolliert
- ❍ Geizesser, nur das Nötigste
- ❍ Diätesser, nimmt zu und ab
- ❍ Tabellenesser, nur Gesundes
- ❍ Fitnessesser, Ziel:schöner Körper
- ❍ Frustesser, zuckerreiche Nahrung zum Trost
- ❍ Genießer, mag Abwechslung

Das mache ich bei Übergewicht:

____

____

____

____

____

____

die BULIMIE

(Ess-/Brechsucht)

heißt auf deutsch Ochsenhunger. Bei Heißhunger- und Essanfällen essen die Kranken unbeherrscht und übermäßig viel und treffen Gegenmaßnahmen, um nicht zuzunehmen (Erbrechen, Abführmittel). Bulimiker leben in ständiger Angst, die Kontrolle über ihr Essen zu verlieren.

* Quelle: stern 16/97

Wise,Karin: Wenn Essen zum Zwang wird, Mannheim 1992
BMFSFJ: Zur Prävention von Essstörungen,Bonn 1996

Ich bin zu dick ! ?

Ich berechne **meinen** BMI:
Beispiel für
Gewicht 45 kg
Größe 1,65 m

$$BMI = \frac{45}{2,7225} = 16,5$$

Body Mass Index *

$$BMI = \frac{\text{Körpergewicht in kg}}{(\text{Körpergröße in m})^2}$$

Magersucht

ist die Weigerung, dem Hunger nachzugeben, also ein Nicht-Essen. Magersüchtige sind untergewichtig, finden sich aber zu dick. Oft treiben sie noch extremen Sport, um das niedrige Gewicht zu halten.

BMI- Ergebnis

unter 18: Zu wenig, zum Arzt !
18-20: Tendenz zu Untergewicht
20-25: Gesundheitlich sicher
26-30: leichtes Übergewicht
über 30: Abnehmen !

ÜBERGEWICHT

ist bei uns verpönt. Dicke Menschen, besonders übergewichtige Mädchen, gelten als maßlos und unästhetisch. Die Diskriminierung beginnt früh: Im Kindergarten werden sie verspottet und abgelehnt. Sie werden als weniger niedlich wahrgenommen. Ihr Alltag und ihre Mahlzeiten sind begleitet von Ermahnungen, weniger zu essen; oft erfahren sie auch, dass sich ihre Eltern und Geschwister ihrer schämen.

Ich bin dieser Esstyp:

- O Daueresser, unkontrolliert
- X Geizesser, nur das Nötigste
- O Diätesser, nimmt zu und ab
- O Tabellenesser, nur Gesundes
- O Fitnessesser, Ziel:schöner Körper
- O Frustesser, zuckerreiche Nahrung zum Trost
- O Genießer, mag Abwechslung

Das mache ich bei Übergewicht:

Beispiele:
Friss die Hälfte
Kontrolliert essen
auf Hunger u. Sättigung achten
den Körper akzeptieren
nicht zu schnell essen
....

die BULIMIE
(Ess-/Brechsucht)

heißt auf deutsch Ochsenhunger. Bei Heißhunger- und Essanfällen essen die Kranken unbeherrscht und übermäßig viel und treffen Gegenmaßnahmen, um nicht zuzunehmen (Erbrechen, Abführmittel). Bulimiker leben in ständiger Angst, die Kontrolle über ihr Essen zu verlieren.

* Quelle: stern 16/97

Wise,Karin: Wenn Essen zum Zwang wird, Mannheim 1992
BMFSFJ: Zur Prävention von Essstörungen,Bonn 1996

Biologie

Richtig ernähren I

Unsere tägliche Leistungsfähigkeit ist Schwankungen unterworfen.

Durch ____________________ kann ich die Kurve anheben !

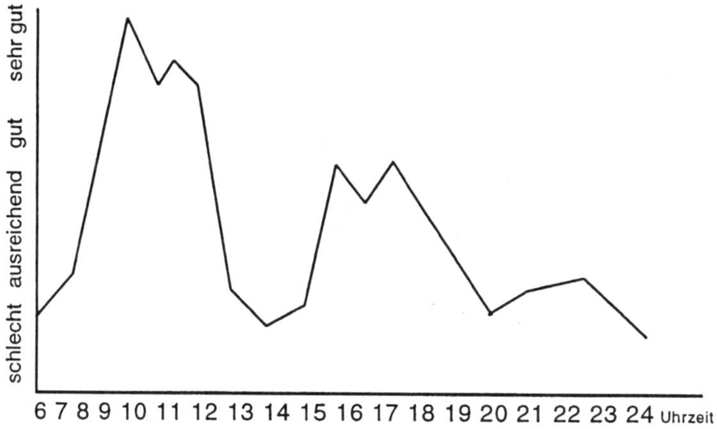

Mein Nährstoffbedarf   **Ich wiege __________kg**

F______	K____________________	E____________
1g pro kg	6g pro kg	1g pro kg

Ich brauche also

Der Energiewert

von Nahrungsmitteln wird angegeben in

*früher:*_____________________(Abkürzungen:_______________)
*heute:*______________________(Umrechnung:_______________)

Der Energiebedarf   Aufgabe: Wandle die Kalorien in Joule um.

Alter	kcal	kJ
9 -12	2200	________
12-15	2500	________
15-18	2300	________

Alter	kcal	kJ
9 -12	2400	________
12-15	3000	________
15-18	3400	________

Biologie

Richtig ernähren II

Wir probieren die Nährwerttabelle aus !

Mein täglicher Energiebedarf: ____________________

1.Essen

	kcal
100 g Schinken	
200 g Weißbrot	
100 g Kopfsalat	
200 g Olivenöl (im Salat)	
500 g Vollmilch	
g e s a m t	

2. Essen

	kcal
100g Brötchen	
100g Butter	
50g Honig	
100g Schweineschnitzel	
1 Birne (100g)	
g e s a m t	

3. Essen:

Stelle ein schmackhaftes Mittagessen zusammen, das viel Eiweiß, wenig Fett, viele Faserstoffe und viel Vitamin C enthält !

____

____

____

4. Essen

Stelle ein schmackhaftes Essen zusammen, das deinen Energiebedarf in etwa erreicht !

Frühstück

____

____

____

____

Mittagessen

____

____

____

____

Abendessen

____

____

____

____

gesamt......................................

Biologie	Hilfe und Information (1)	

Die Nähr- und Zusatzstoffe

(nach: Karl Haug / B.Vorpahl)

Eiweiß

bildet den Hauptanteil aller Zellen. Es besteht aus den Elementen Kohlenstoff, Wasserstoff, Sauerstoff und Stick stoff, Schwefel und Spuren anderer Grundstoffe. Teile des Eiweißmoleküls können nicht im Körper hergestellt werden; sie müssen über die Nahrung zugeführt werden. Die wichtigsten Eiweißquellen für den Menschen sind Getreide (Brot), Reis, Mais, Kartoffeln, Soja, Hülsenfrüchte, Nüsse, Pilze, Hefe und Gemüse. Dazu die tierischen Eiweißquellen Fleisch, Fisch, Eier, Milch und Milchprodukte. Unseren Eiweißbedarf müssen wir derzeit noch zu etwa zwei Dritteln aus tierischem Eiweiß decken, da den pflanzlichen Eiweißen - außer denen der Kartoffel und der Sojabohne- manche Bausteine fehlen. Zur Deckung des täglichen Eiweißbedarfs benötigen Erwachsene zwischen 50 und 60 g Eiweiß. Kinder und Jugendliche brauchen für den Aufbau neuer Körperzellen eine größere Eiweißzufuhr: 30 g (7 - 9 Jahre), 40 g (10 - 12 Jahre). Bei uns wird im allgemeinen fast die doppelte Menge des tatsächlichen Bedarfs täglich aufgenommen. Überschüssige Eiweißbauteile werden im Körper je nach Bedarf in Kohlenhydrate, Fette oder Energie umgewandelt.

Wachstum, Aufbau neuer Zellen

Fette

sind neben den Kohlenhydraten die wichtigsten Energieträger. Der Körper benötigt sie zur Erhaltung der Körperwärme und zur Erzeugung der Körperkräfte. Sie bestehen aus Kohlenstoff, Wasserstoff und Sauerstoff. Durch bestimmte Fettsäuren, enthalten vorwiegend in tierischen Lebensmitteln, wird der Cholesteringehalt im Blut erhöht - und damit auch das Herzinfarktrisiko. Fettsäuren, die den Cholesterinwert senken, sind vor allem in pflanzlichen Ölen und Fetten enthalten. Auch Fischöle haben wichtige gesundheitsfördernde Wirkungen. Überschüssiges Nahrungsfett wandelt der Körper in Depotfett um, d.h. Fett wird gespeichert im Untergewebe der Haut und in Organen. Der ruhende, erwachsene Mensch benötigt ca. 55 g Fett pro Tag.

Wärme und Organschutz

Vitamine

nennt man 13 Stoffe, die der Mensch mit der Nahrung aufnehmen muss, weil er sie nicht selber erzeugen kann. Sie sind für das Wachstum und die Erhaltung der Gesundheit notwendig.
Eine Übersicht über die wichtigsten:

Name	Mangelkrankheit	tägl.Bedarf
fettlöslich: Sie wirken nur, wenn die Nahrung genügend Fett enthält		
A	Wachstumsstörungen, Nachtblindheit	bis 3mg
D	Rachitis	0,025mg
K	Blutgerinnungsstörung	0,001mg
wasserlöslich: Sie lösen sich zum Beispiel im Kochwasser		
B1	Beriberi (Muskelversagen)	bis 1mg
B2	Pellagra (Nervenstörung)	bis 9mg
B6	Nervöse Störungen	1,5mg
B12	Blutarmut	0,001mg
C	Skorbut	75mg

Mit dem Kochen kann der Vitamingehalt von Speisen abnehmen.

Kohlenhydrate

bestehen aus Kohlenstoff, Wasserstoff und Sauerstoff. Grob kann man sie in Zucker, Stärke und Cellulose einteilen. Sie kommen nur in pflanzlichen Lebensmitteln wie Getreide, Kartoffeln, Reis, Zuckerrohr und Zuckerrüben, Obst, Gemüse und Honig vor, aber auch in Milch. Cellulose ist unverdaulich, Stärke quillt erst beim Kochen zu einer leicht verdaulichen Form auf. Sind Kohlenhydrate an Ballaststoffe gebunden, wie z.B. bei der Kartoffel, werden sie im Darm langsamer aufgenommen. Dadurch hält das Sättigungsgefühl länger an. Die Kohlenhydrate in ballaststoffarmen Nahrungsmitteln, wie Süßigkeiten, Toastbrot, Kartoffelchips usw. werden dagegen schnell verdaut und lassen schnell ein erneutes Hungergefühl aufkommen. Der tägliche Kohlenhydratbedarf beträgt ca. 400 g beim ruhenden und bis zu 600 g beim belasteten Menschen.

Deckung des Energiebedarfs

Mineralsalze

brauchen wir zum Aufbau der Knochen und Zähne, zur Bildung des Blutes, zur Regelung der Tätigkeit von Nerven und Muskeln, der Verdauung und der Zellatmung. Dabei genügen geringe Mengen von Kochsalz, Calcium- und Eisensalzen. Meist essen wir wesentlich mehr Kochsalz als wir brauchen. Salze nehmen wir auch im Trinkwasser zu uns. Manche Mineralquellen enthalten bis zu 50 verschiedene Salze in feinsten Spuren: Kochsalz, Calcium, Natrium, Jod, Schwefel, Eisen, Mangan u.a.
Die Salze der Gemüse gehen verloren, wenn man das Kochwasser wegschüttet.

Wasser

hat eine grundlegende Bedeutung für unsere Gesundheit. Es erfüllt drei wichtige Aufgaben:
1. Wasser ist ein Baustein für alle Knochen, Gewebe und Organe.
2. Wasser im Blut löst Nähr- und Abfallstoffe und transportiert sie vom Darm zu den Organen bzw. von dort zu den Ausscheidungsorganen (Nieren, Haut).
3. Wasser verdunstet von der Haut und transportiert dabei auch Wärme. So hilft Wasser bei der Regulierung der Körpertemperatur.

Der tägliche Bedarf von etwa 2 l Wasser wird aus drei Quellen gedeckt:
1. etwa 1,1 l in Form von Getränken
2. etwa 0,65 l als verstecktes Wasser in der Nahrung
3. etwa 0,25 l bei der Verdauung im Körper neu gebildet

Da beim Schwitzen gleichzeitig mit dem Wasser auch Vitamine und Mineralsalze verloren gehen, müssen neben Wasser auch diese nachgeliefert werden (Mineralwasser, Säfte, Limonaden..).

Biologie	Hilfe und Information (2)	

Durstlöscher

Wir scheiden Wasser mit dem Schweiß und dem Urin aus, Wasser, das unbedingt ersetzt werden muss. Zu geringe Flüssigkeitszufuhr kann gesundheitliche Folgen haben, z.B. zu Nierenschäden führen. Bei Wassermangel entsteht ein Durstgefühl, das uns veranlasst zu trinken.

Getränke, die viel Zucker oder Alkohol enthalten, sind als Durstlöscher ungeeignet.
Ein Liter eines Cola-Getränks enthält ca. 100g Zucker(= 35 Stück Würfelzucker) und so viel Koffein wie ein halber Liter Kaffee.
Obstgetränke bestehen aus unterschiedlichen Fruchtanteilen: Fruchtsaft (100%), Fruchtnektar (25-50 %), Fruchtsaftgetränk (6 - 30 %).

Gute Durstlöscher:

* Leitungswasser (in Maßen)
* Mineralwasser
* ungesüßte Kräuter- und Früchtetees
* verdünnte Fruchtsäfte

1 Liter Vollmilch enthält:
35 g Milchfett, der Energielieferant für den Körper
33 g Milcheiweiß für Zellaufbau, Wachstum und Kondition
48 g Milchzucker zur Verdauungsregulierung
ca. 6 g Mineralstoffe, wie Calcium, Magnesium für Knochen und Zähne
Vitamine für Sehkraft, Wachstum, Blutbildung und Nerventätigkeit
Spurenelemente für Knochenbildung und gesunde Haut
Lipoide, Lezithine, Aufbaustoffe für Gehirn, Nervengewebe, Muskeln, insbesondere den Herzmuskel

in: Schul fit

Zu viel Cola-Getränke verursachen Knochenschwund bei Kindern

München (lb) Immer mehr Kinder müssen wegen Knochenschwund (Osteoporose) behandelt werden. Ursache sind gravierende Ernährungsmängel, schreibt die „Ärztliche Praxis" in ihrer neuesten Ausgabe. Die bei den Kindern beliebten Cola-Getränke seien reine „Kalzium-Räuber" zu Lasten des Knochengewebes. Das vermutlich jüngste Osteoporose-Opfer in Deutschland ist dem Fachblatt zufolge ein elfjähriges Kind. Es hatte sich in Abwesenheit der berufstätigen Mutter überwiegend mit Colagetränken und Gebäck ernährt. Die Folge waren Knochenbrüche bei geringsten Anlässen. Bei richtiger Ernährung können Schäden am Knochengewebe rückgängig gemacht werden. Dazu gehören Milch und Milchprodukte, grüne Gemüsearten wie Kohl oder Brokkoli und kalziumhaltige Mineralwässer. Bei dem Buben konnte durch kalziumreiche Ernährung eine rasche Zunahme der Knochendichte erreicht werden.

Empfehlung:
Der tägliche Energiebedarf sollte gedeckt werden mit
55% Kohlenhydrate
30 % Fette
15 % Eiweiß
durch vielseitige Ernährung

Tagesenergiebedarf	
Frühstück	25%
Zwischenmahlzeit	10%
Mittagessen	30%
Zwischenmahlzeit	10%
Abendessen	25%

Ballaststoffe

sind die faserigen, pflanzlichen Nahrungsbestandteile, die im Dünndarm nicht, im Dickdarm nur zu einem geringen Teil verdaut werden. Zu ihnen zählt u.a. die Cellulose.
Sie finden sich vor allem in Getreideprodukten und in Obst. Ballaststoffe sind wichtige Wasserspeicher, sie können ca. 110 % des Eigengewichts an Wasser binden.
Da Ballaststoffe im Dickdarm quellen und so die Darmpassage beschleunigen, beugen sie wirksam einer Verstopfung vor.

Biologie	Hilfe und Information (3)	

Obst ist gesund !

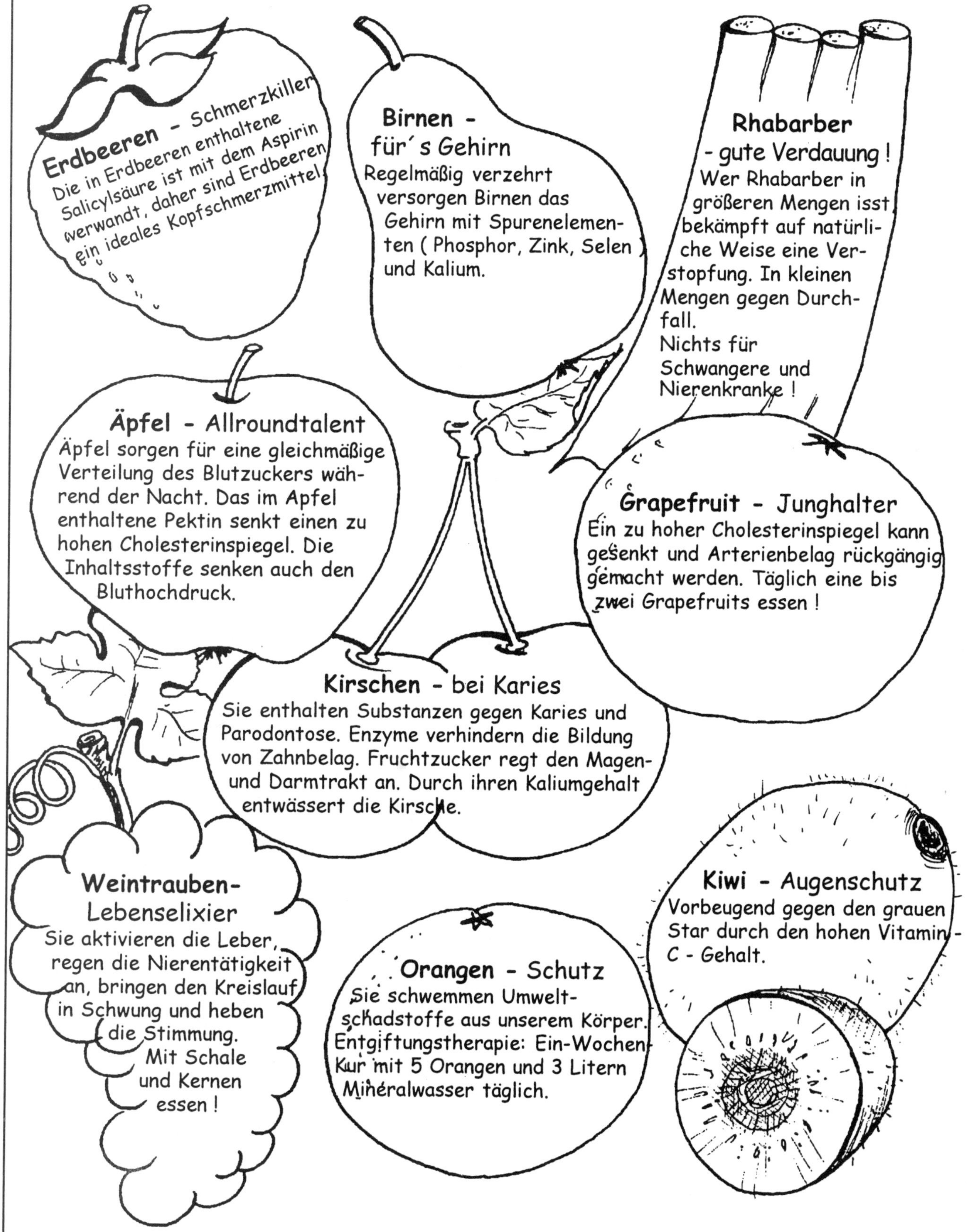

Erdbeeren - Schmerzkiller
Die in Erdbeeren enthaltene Salicylsäure ist mit dem Aspirin verwandt, daher sind Erdbeeren ein ideales Kopfschmerzmittel.
Birnen - für´s Gehirn
Regelmäßig verzehrt versorgen Birnen das Gehirn mit Spurenelementen (Phosphor, Zink, Selen) und Kalium.
Rhabarber - gute Verdauung !
Wer Rhabarber in größeren Mengen isst, bekämpft auf natürliche Weise eine Verstopfung. In kleinen Mengen gegen Durchfall.
Nichts für Schwangere und Nierenkranke !
Äpfel - Allroundtalent
Äpfel sorgen für eine gleichmäßige Verteilung des Blutzuckers während der Nacht. Das im Apfel enthaltene Pektin senkt einen zu hohen Cholesterinspiegel. Die Inhaltsstoffe senken auch den Bluthochdruck.
Grapefruit - Junghalter
Ein zu hoher Cholesterinspiegel kann gesenkt und Arterienbelag rückgängig gemacht werden. Täglich eine bis zwei Grapefruits essen !
Kirschen - bei Karies
Sie enthalten Substanzen gegen Karies und Parodontose. Enzyme verhindern die Bildung von Zahnbelag. Fruchtzucker regt den Magen- und Darmtrakt an. Durch ihren Kaliumgehalt entwässert die Kirsche.
Weintrauben- Lebenselixier
Sie aktivieren die Leber, regen die Nierentätigkeit an, bringen den Kreislauf in Schwung und heben die Stimmung.
Mit Schale und Kernen essen !
Kiwi - Augenschutz
Vorbeugend gegen den grauen Star durch den hohen Vitamin - C - Gehalt.
Orangen - Schutz
Sie schwemmen Umweltschadstoffe aus unserem Körper. Entgiftungstherapie: Ein-Wochen-Kur mit 5 Orangen und 3 Litern Mineralwasser täglich.

Texte frei nach: bella 9 / 1999, Seite 67, Heinrich Bauer Carat KG, Hamburg

Biologie	Hilfe und Information (4)	

Lebensmittel

Fette, Öl, Süßigkeiten

Mit Speck, Butter und Kokosfett haushalten, deren Fettsäuren belasten den Körper. Zucker in größeren Mengen ist fitnessfeindlich, jagt den Blutzucker erst hoch und lässt ihn dann wieder absacken. Das macht müde bis wieder Zucker kommt. Wer aus dem Kreislauf aussteigen will, isst Süßes nur am Schluss einer Mahlzeit.

Brot, Kartoffeln und Nudeln

Die Zutaten für die Schlankheitskur von heute: Brot, Kartoffeln, Nudeln, auch Bohnen oder Linsen. Weil Stärke- und Ballaststoffreiches länger satt hält als fett- und eiweißreiche Gerichte. Und weil dabei sogar Heißhunger und Stimmungstiefs verschwinden.

Milch, Eier, Käse

Als Durstlöscher ist Milch zu nahrhaft. Gut ein Viertelliter pro Tag ist empfehlenswert, da sie erstklassiges Eiweiß, viel Kalzium und Magnesium enthält. Von diesen Stoffen profitiert auch, wer Quark, Käse oder Joghurt isst. Das Frühstücksei sollte nicht alltäglich sein. Wer auf Fleisch verzichtet, darf sich bei Milch und Eiern einen Nachschlag genehmigen.

Gemüse und Kräuter

Grünzeug ist der absolute Favorit bei der Vorbeugung gegen Krankheiten. Dafür gibt es Gründe: Blätter, Knollen und Wurzeln sättigen auf leichte Art und machen selbst in Riesenmengen nie dick. Ihr Gehalt an Vitaminen und speziellen Farbstoffen schützt vor Herz- und Krebsleiden. Viel abwechseln !

Frische Früchte

Vitamin - und Ballaststofflieferant.
Kalium reguliert den Blutdruck.
Der optimale Schnell-Imbiss: Frisches Obst aus der Hand !

Fleisch, Geflügel, Fisch

Nicht immer öfter, sondern öfter mal was Gutes: Bei Fleisch und Geflügel auf Spitzenqualität und kleine Portionen umsteigen. Seefisch hat Vorrang wegen seines Jodgehalts. Fischfett senkt Herz-, Krebs- und Rheumarisiken. Fette Wurst nur gelegentlich essen!

(Texte nach Stern 9 / 97)

Wir machen Lebensmittel haltbar !

PRAXIS

durch Wasserentzug

DÖRROBST

Schäle das Obst (etwa 500g Äpfel oder Birnen) und stich das Kerngehäuse aus. Schneide die geschälten Früchte in dünne Ringe und fädle diese auf einen Bindfaden auf. Lasse sie jetzt an einem schattigen, belüftbaren Platz trocknen. Die Ringe dürfen sich dabei nicht gegenseitig berühren. Die Trocknung ist beendet, wenn die Ringe sich biegen lassen und keinen Saft mehr zeigen.

mit Salz und Essig

ESSIGGURKEN

Bestreue etwa 1 kg kleine Gurken mit Salz und lasse sie über Nacht stehen. Lege sie am anderen Tag dicht in verschließbare, kochfeste Gläser. Koche einen halben Liter 5%igen Essig, einen Viertel Liter Wasser, einige Zwiebelscheiben, sowie etwas Dill und Senfkörner und fülle den Sud heiß in die Gläser. Die Gurken sollen vollständig vom Sud bedeckt sein.

mit Zucker und Alkohol

MARMELADE

Verrühre etwa 750 g frische Früchte mit 500 g Puderzucker, bis die Marmelade steif ist. Fülle die Masse in Marmeladegläser. Schneide Cellophan so zu, dass die Stücke über den Glasrand hinaus stehen, tauche sie in hochprozentigen Alkohol (Rum, Weinbrand), lege sie über die Gläser und befestige sie mit Einmachgummi.

Haltbar machen bedeutet:
Bakterien und Pilze im Lebensmittel werden getötet bzw. in ihrem Wachstum gebremst.

Haltbar machen kann man durch
- Gefrieren
- Salzen
- Zuckern
- Trocknen
- Räuchern
- Chemikalien
- Erhitzen

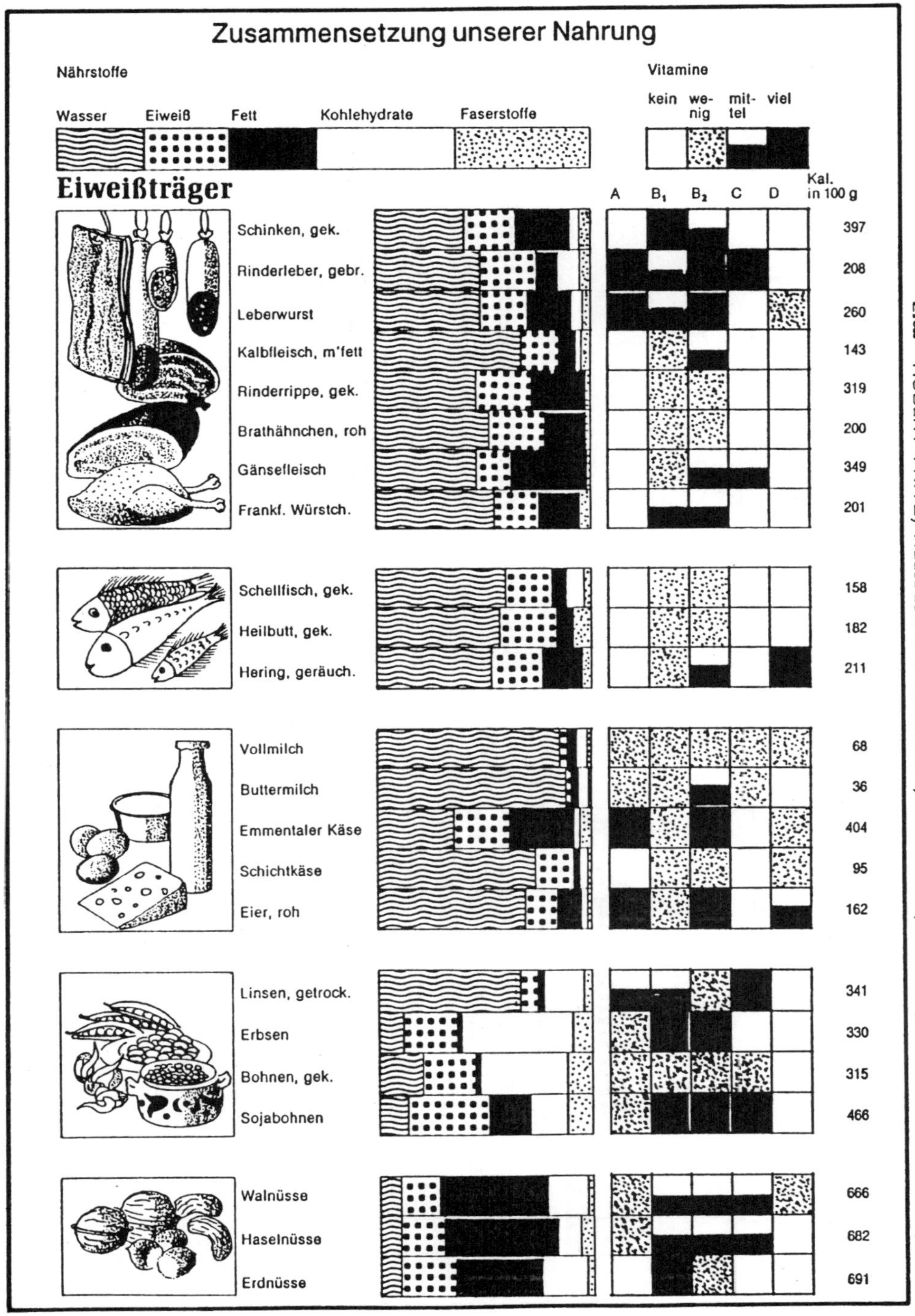

Zusammensetzung unserer Nahrung
Nährstoffe
Wasser
Eiweiß
Fett
Kohlehydrate
Faserstoffe
Vitamine
kein
we-nig
mit-tel
viel
Eiweißträger
A
B₁
B₂
C
D
Kal. in 100 g
Schinken, gek. 397
Rinderleber, gebr. 208
Leberwurst 260
Kalbfleisch, m'fett 143
Rinderrippe, gek. 319
Brathähnchen, roh 200
Gänsefleisch 349
Frankf. Würstch. 201
Schellfisch, gek. 158
Heilbutt, gek. 182
Hering, geräuch. 211
Vollmilch 68
Buttermilch 36
Emmentaler Käse 404
Schichtkäse 95
Eier, roh 162
Linsen, getrock. 341
Erbsen 330
Bohnen, gek. 315
Sojabohnen 466
Walnüsse 666
Haselnüsse 682
Erdnüsse 691

Lit.: HUBERT FRITZ, Hausbuch der Gesundheit, Essen 1980, S. 487 f.

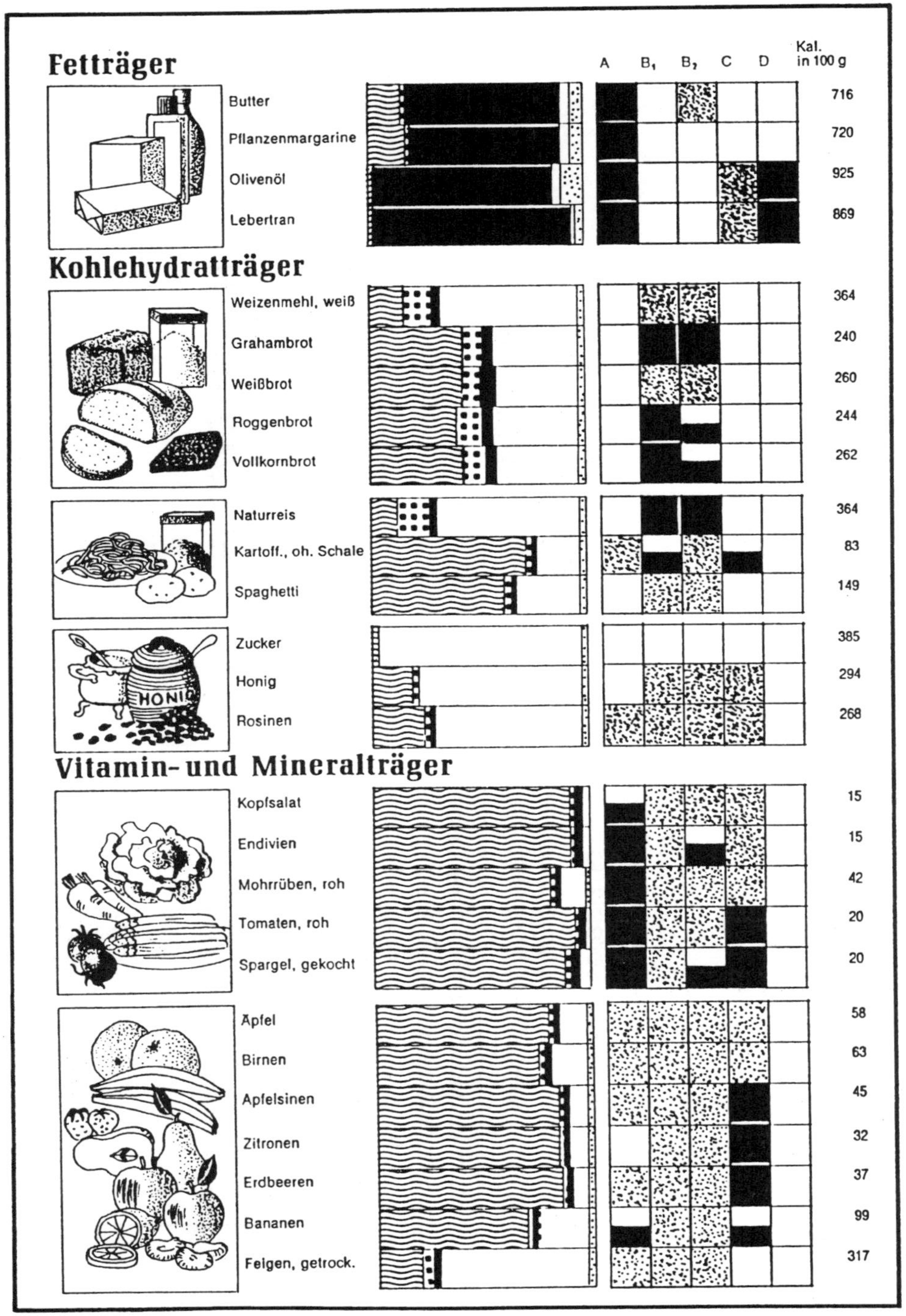

in: Gesundheitserziehung und Schule
hrsg.v. BUNDESZENTRALE FÜR GE-
SUNDHEITLICHE AUFKLÄRUNG Köln
Stuttgart 1976, S.57ff.

Nährwerttabelle

Nahrungsmittel 100 g eßbarer Anteil	Brennwert kcal	Brennwert kJ	Eiweiß g	Kohlenhydrate g	Fett g	Fettsäuren gesättigt %	Fettsäuren mehrf. ungesättigt %	Cholesterin mg
Rindfleisch								
Suppenfl., Hochrippe	297	1244	17	+	24	51	3	70
Filet	126	528	19	+	4	51	3	70
Schabefleisch	128	536	21	+	4	51	3	70
Schweinefleisch								
Filet	176	737	19	+	10	46	10	70
Vorderhaxe, mager	287	1203	18	+	22	46	10	70
Kotelett	358	1500	15	+	31	46	10	70
Schnitzel	168	704	21	+	8	46	10	70
Kamm	368	1542	15	+	32	46	10	70
Kalbfleisch								
Filet	105	440	21	+	1	48	12	90
Keule	103	432	20	+	1	48	12	90
Schnitzel	108	453	21	+	2	48	12	90
Geflügel								
Huhn, Brathuhn	144	603	21	+	6	34	22	75
Gans	364	1525	16	+	31	31	22	75
Fette								
Butter	755	3163	1	1	82	61	3	280
Schweineschmalz	930	3897	+	0	100	46	10	100
Margarine (vers. Sorten)	750	3144	1	+	80	18-25	30-50	0
Sonnenblumenöl	930	3897	0	0	100	11	64	0
Maiskeimöl	930	3897	0	0	100	19	64	0
Olivenöl	930	3897	0	0	100	19	8	0
Mayonnaise, 80%	758	3176	2	2	80	14	61	142
Ei ca. 60 g	88	369	7	+	6	35	20	280
Milch, Milchprodukte								
Trinkmilch 0,25 l	160	670	7,5	12,5	9	61	3	30
Buttermilch 0,25 l	90	377	9	+	1,25	61	3	+
Fettarme Milch, 0,25 l	125	524	7,5	12,5	5	61	3	18
Schlagsahne, 30% Fett	300	1257			30			102
Speisequark, 10% F. i. Tr.	80	325	14	4	2	61	3	7
Speisequark, 40% F. i. Tr.	158	662	12	3	11	61	3	37
Speisequark, Magerstufe mit 15% Frücht. u. Zuck.	102	427	12	13	+	+	+	+
Joghurt aus Trinkmilch ohne Früchte	78	327	5	6	3	61	3	10
Käse, 60% Fett i. Tr.								
Schmelzkäse	346	1450	13	2	30	61	3	102
Käse, 50% Fett i. Tr.								
Butterkäse	361	1513	21	1	29	61	3	99
Briekäse	368	1542	23	3	28	61	3	95
Camembert	328	1374	18	2	26	61	3	88
Käse, 45% Fett i. Tr.								
Emmentaler	417	1747	27	3	31	61	3	105
Gouda	401	1680	26	5	29	61	3	99
Edamer	386	1617	25	4	28	61	3	95
Obst								
Birnen	59	247	1	13	+			
Erdbeeren	39	163	1	8	+			
Kirschen, brutto	57	239	1	13	+			
Mandarinen	36	151	1	8	+			
Pampelmusen	32	134	1	10	+			
Pflaumen	50	210	1	13	+			
Weintrauben	74	310	1	17	1			
Rosinen	270	1131	2	64	1			
Brot und Backwaren								
Brötchen	280	1173	7	58	1	+	+	0
Graubrot	250	1048	6	51	1	+	+	0
Knäckebrot	380	1592	10	77	1	+	+	0
Roggenvollkornbrot	240	1006	7	46	1	+	+	0
Weißbrot	260	1089	8	50	1	+	+	0
Biskuit	266	1115	7	55	5	35	20	280
Mürbeteig	522	2187	8	60	26	49	22	35
Rührteig	410	1718	7	50	19	49	22	35
Stollen	404	1693	8	47	19	●	●	●
Salzstangen, 100 g	341	1429	9	74	0,5	●	●	●
1 Salzstange	31	130	1	7	+	●	●	●
Süßwaren, Zucker, Nüsse, Eis								
Bonbons	390	1634	1	94	0	0	0	0
Honig	305	1278	0	81	0	0	0	0
Marmelade	257	1077	1	64	+	+	+	0
Marzipan	457	1915	8	64	18	●	●	●
Nougat	575	2409	9	53	35	●	●	●
Fruchtgummi	360	1508	7	0	80			
Schokolade	563	2359	9	55	33	●	●	●
Lakritz-Konfekt	370	1550	2	8	70			
Zucker	394	1651	0	100	0	0	0	0
Erdnüsse	630	2640	27	19	47	16	32	0
Haselnüsse	690	2891	14	13	62	16	32	0
Walnüsse	705	2954	15	14	63	6	31	0
Einfach-Eiskrem (Kunstspeiseeis)	141	591	5	22	3	61	3	10
Eiskrem	205	859	4	20	12	61	3	41
Getränke								
Apfelsaft	47	197	+	11	0			
Apfelsinensaft	47	197	1	10	+			
Cola-Getränke	44	184	0	11	0			
Limonaden	48	201	0	12	0			
Orangenlimonaden auf Mineralwasserbasis	9	38	0	0	2	Alkohol	Extrakt	
Bier, Vollbier	48	201	1	4	0	3,6	4,8	
Mineralwasser	0	0	0	0	0			
Nährmittel								
Cornflakes	388	1626	8	83	1	●	●	●
Eierteigwaren	390	1634	13	72	3	35	20	140

Nahrungsmittel 100 g eßbarer Anteil	Brennwert kcal	Brennwert kJ	Eiweiß g	Kohlenhydrate g	Fett g	Fettsäuren gesättigt %	Fettsäuren mehrf. ungesättigt %	Cholesterin mg
Käse, 45% Fett i. Tr.								
Tilsiter	374	1567	26	1	28	61	3	95
Schmelzkäse	305	1278	14	6	24	61	3	82
Käse, 30% Fett i. Tr.								
Edamer	280	1173	26	4	16	61	3	54
Tilsiter	297	1244	29	3	17	61	3	58
Camembert	255	943	22	2	13	61	3	44
Käse, 20% Fett i. Tr.								
Romadur	195	817	24	1	9	61	3	31
Schmelzkäse	196	821	17	9	9	61	3	31
Limburger	199	834	26	1	9	61	3	31
Käse, u. 10% Fett i. Tr.								
Harzer, Korbkäse	140	587	29	+	2	61	3	7
Gemüse, Kartoffeln								
Blumenkohl	28	117	3	4	+			
Bohnen, grün	33	138	2	5	+			
Bohnen, weiß, trocken	352	1475	21	58	2			
Champignons	24	101	3	3	+			
Erbsen, Dose	66	277	4	11	+			
Erbsen u. Möhren, Dose	65	272	3	12	+			
Feldsalat, Kopfsalat	14	59	1	2	+			
Gurken	10	42	1	1	+			
Rot, Weiß-, Wirsingkohl	26	109	2	4	+			
Kohlrabi	14	59	2	2	+			
Linsen, trocken	354	1483	24	56	1			
Möhren	35	147	1	7	+			
Paprika	28	117	1	5	+			
Porree	38	159	2	6	+			
Radieschen, Rettiche	19	80	1	4	+			
Rote Beete	37	155	2	8	+			
Rosenkohl	52	218	4	7	1			
Sellerie	38	159	2	7	+			
Spargel	20	84	2	3	+			
Spinat	23	96	2	2	+			
Rahmspinat, Tiefkühlpro.	85	356	3	6	6			
Suppengemüse	29	122	2	5	+			
Sauerkraut	26	109	2	4	+			
Tomaten	19	80	1	3	+			
Tomatenpaprika, eingel.	28	117	1	5	+			
Zwiebeln	45	189	1	10	+			
Kartoffeln	85	356	2	19	+			
Pommes frites	113	473	2	22	2			
Kartoffelpuffer	360	1502	4	80	+			
Püreepulver	357	1496	7	79	1			
Obst								
Äpfel	52	218	+	12	+			
Ananas, Dose	95	398	+	23	+			
Apfelsinen	54	226	1	9	+			
Bananen	90	377	1	21	+			
Nährmittel								
Haferflocken	402	1684	14	66	7	14	60	0
Mehl, Type 405	368	1542	11	74	1	+	+	0
Reis	368	1542	7	79	1	+	+	0
Fisch und Fischwaren								
Heilbutt	131	549	19	+	5	16	19	29
Hering	161	675	11	+	12	18	19	38
Kabeljau	78	327	17	+	+	16	19	30
Rotbarsch	112	469	19	+	3	16	19	38
Seelachs	88	369	18	+	1	16	19	33
Fischstäbchen	107	448	9	13	1	11	64	57
Brathering	234	980	17	4	15	18	19	60
Bückling	232	972	22	+	14	18	19	70
Hering in Tomatensoße	217	909	15	2	15	18	19	42
Ölsardinen, abgetropft	240	1006	24	1	14	29	25	70
Schillerlocken	323	1353	21	+	24	18	19	70
Thunfisch in Öl	304	1274	24	+	21	28	28	42
Speck								
fett	855	3582	2	0	89	46	10	100
durchwachsen	658	2757	9	0	65	46	10	100
Schinken								
Lachsschinken	144	603	18	+	7	46	10	70
Schinken, gekocht	282	1182	20	+	21	46	10	70
Schinken, gekocht, Dose	191	800	20	+	11	46	10	70
Schinken, roh	395	1655	18	+	33	46	10	70
Wurst								
Bockwurst	294	1232	12	+	25	33	11	100
Bratwurst, Schwein	364	1525	13	+	32	46	10	100
Wiener Würstchen	264	1106	15	+	21	33	11	100
Bierschinken	250	1048	16	+	19	46	10	85
Blutwurst	425	1781	13	+	39	46	10	85
Cervelatwurst	484	2028	17	+	43	46	10	85
Corned beef, amerik.	225	943	25	+	12	51	3	70
Corned beef, deutsch	153	641	22	+	6	51	3	70
Fleischwurst	315	1320	13	+	27	46	10	85
Jagdwurst	346	1450	16	+	29	46	10	85
Leberkäse	270	1131	13	+	23	46	10	85
Leberwurst	450	1886	12	1	41	46	10	85
Mortadella	367	1538	12	+	33	46	10	85
Bierschinken	280	1173	16	+	19	46	10	85
Mettwurst	540	2263	12	+	52	46	10	85
Geflügel-Leberwurst	304	1274	13	+	27	●	●	●
Geflügel-Jagdwurst	182	763	13	+	14	●	●	●
Geflügel-Bierschinken	167	700	15	+	11	●	●	●
Innereien								
Herz (alle Tierarten)	128	536	15	1	6	49	2	140
Leber (alle Tierarten)	144	603	22	3	5	25	0	250
Niere (alle Tierarten)	132	553	17	1	6	34	5	350

Zeichenerklärung

+ = Nährstoff ist nur in Spuren vorhanden
● = Es liegen keine genauen Analysen vor

Mein Ernährungsplan

in der Woche vom ____________bis______________

Bitte das tatsächlich Gegessene und Getrunkene genau eintragen,
z.B. 1 Brötchen
0,25l Kuhmilch

Zeit	Montag	Dienstag	Mittwoch	Donnerstag	Freitag
6.00 - 13.00					
13.01- 18.00					
18.01- 24.00					
0.01- 5.59					

THEMA Bau und Aufgaben des Magens

Magenbeschwerden

LERNZIELE

- Die wesentlichen Magenteile und deren Aufgaben kennenlernen;
- Einblick in die Funktion von Speiseröhre und Pförtner;
- Einblick in den Verdauungsvorgang im Magen;
- Filmen, Bildern und Texten Informationen entnehmen;
- Bereitschaft zur Gesunderhaltung des Magens

ARBEITSMITTEL / LITERATUR

- Arbeitsblatt, Folie, Informationstexte, Bilder
- Filme: FWU 3202089 (Verdauung und Nahrung) FWU 3203565 (Nahrung u. Verdauung)
- Magenmodell
- Mensch und Gesundheit, Folienatlas, Baierbrunn 1994

TAFELBILD / FOLIEN

Bau und Aufgaben des Magens

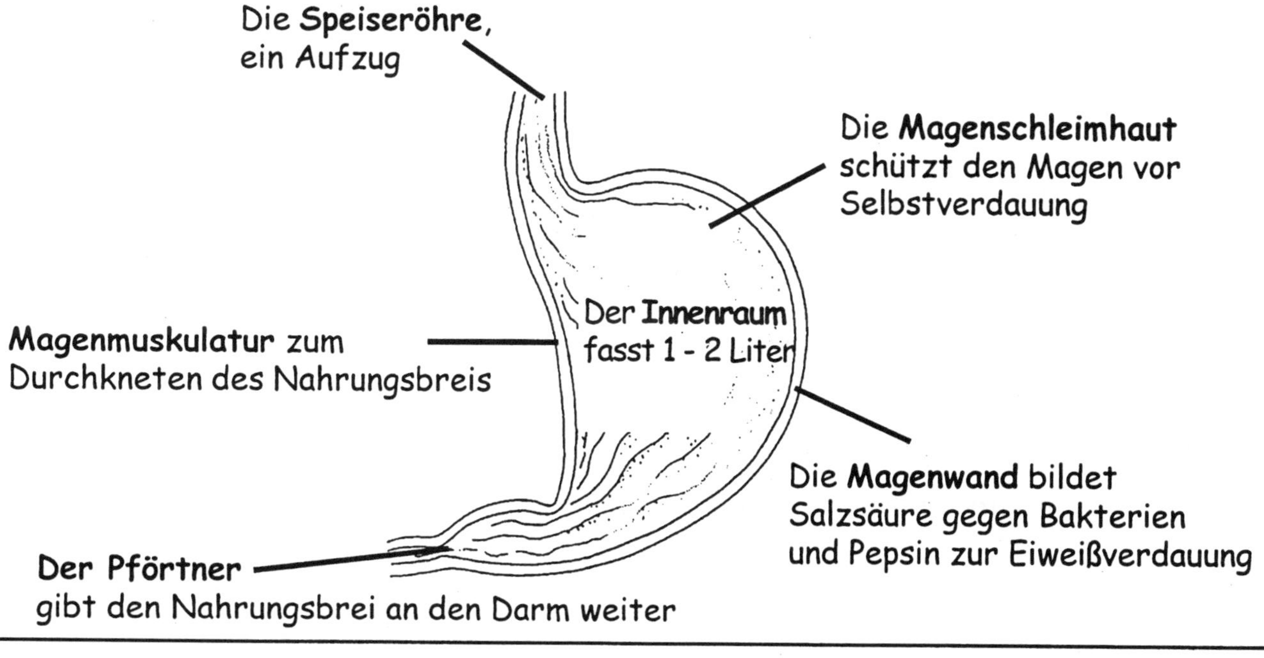
Die **Speiseröhre**, ein Aufzug
Die **Magenschleimhaut** schützt den Magen vor Selbstverdauung
Der **Innenraum** fasst 1 - 2 Liter
Magenmuskulatur zum Durchkneten des Nahrungsbreis
Die **Magenwand** bildet Salzsäure gegen Bakterien und Pepsin zur Eiweißverdauung
Der Pförtner gibt den Nahrungsbrei an den Darm weiter

So halte ich meinen Magen gesund !

* Ich vermeide schwer verdauliche, sehr heiße und sehr kalte Speisen.
* Spätabends esse ich nichts mehr.
* Ich meide Alkohol, vor allem hochprozentigen.
* Ich vermeide Kaffee
* Ich rauche nicht, vor allem nicht auf nüchternen Magen.
* Ich versuche, gelegentlich abzuschalten.

STUNDENVERLAUF

I. Hinführung

Erfahrungsaustausch	FUG	
Impuls	TA	"xyz ist mir auf den Magen geschlagen "
Zielangabe	TA	**Bau und Aufgaben des Magens**

II. Erarbeitung

1. Teilziel		Die Speiseröhre
Vorwissen Verbalisierungen **Versuche**	UG	Was spüre ich nach dem Schlucken "Bissen im Hals steckengeblieben " * Schlucken ohne Speise / Getränk
	Flasche, Strohhalm	* Trinken im Handstand (Stütze !)
Aussprache, Verbalisierungen		* Schlucken ohne Nahrung (auch Speichel) kaum möglich
	TA	* Speiseröhre = Fahrstuhl

2. Teilziel		Bau und Aufgaben des Magens
Entwickeln der und des Informationsentnahme	TA AB / Folie EA / PA / GA Modell Film, Bilder Infotexte	Teile des Magens und deren Aufgaben und Besonderheiten * Demonstration der Pförtnerarbeit: Luftballon mit Wasser gefüllt, kleine Portio nen abgelassen
Teilwiederholung: Verbalisierungen z.B. am Modell	TA / AB	

3. Teilziel		Magenbeschwerden und - krankheiten
evtl.Rückgriff	UG	auf Hinführung
Informationsent- nahme	Infotexte	Häufige Magenbeschwerden und: Was kann man tun bei nervösem Magen ? *Siehe Tafelbild* !

III. Anwendung

Projekt	Aushänge Ausstellung	Ich halte den Magen gesund Regeln, Beispiele

Biologie		

Bau und Aufgaben des Magens

Die Speiseröhre - nicht nur eine Röhre, sondern ein ______________!

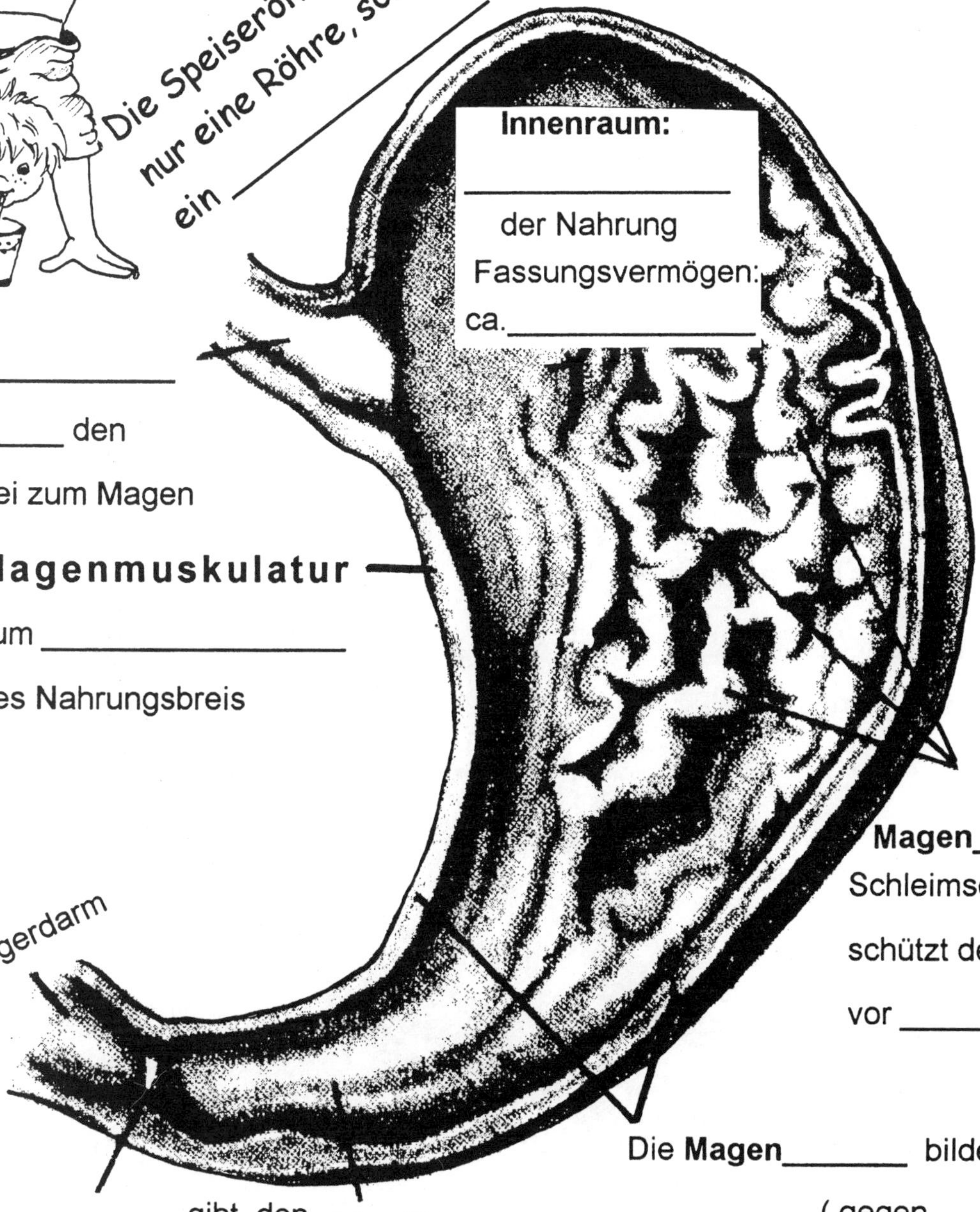

Innenraum:
____
der Nahrung
Fassungsvermögen:
ca.______________

Die ______________
______________ den
Speisebrei zum Magen

Magenmuskulatur
zum ______________
des Nahrungsbreis

Magen______________
Schleimschicht
schützt den Magen
vor ______________

Zwölffingerdarm

Der ______________ gibt den Nahrungsbrei in ______________ an den Darm weiter.

Vorpförtner

Die **Magen**_______ bildet _______-
__________(gegen__________)
und __________ (Verdauung von Eiweiß)

Das ist mir schon einmal auf den Magen geschlagen:

____

____

____

Biologie

Bau und Aufgaben des Magens

Die Speiseröhre - nicht nur eine Röhre, sondern ein Fahrstuhl !

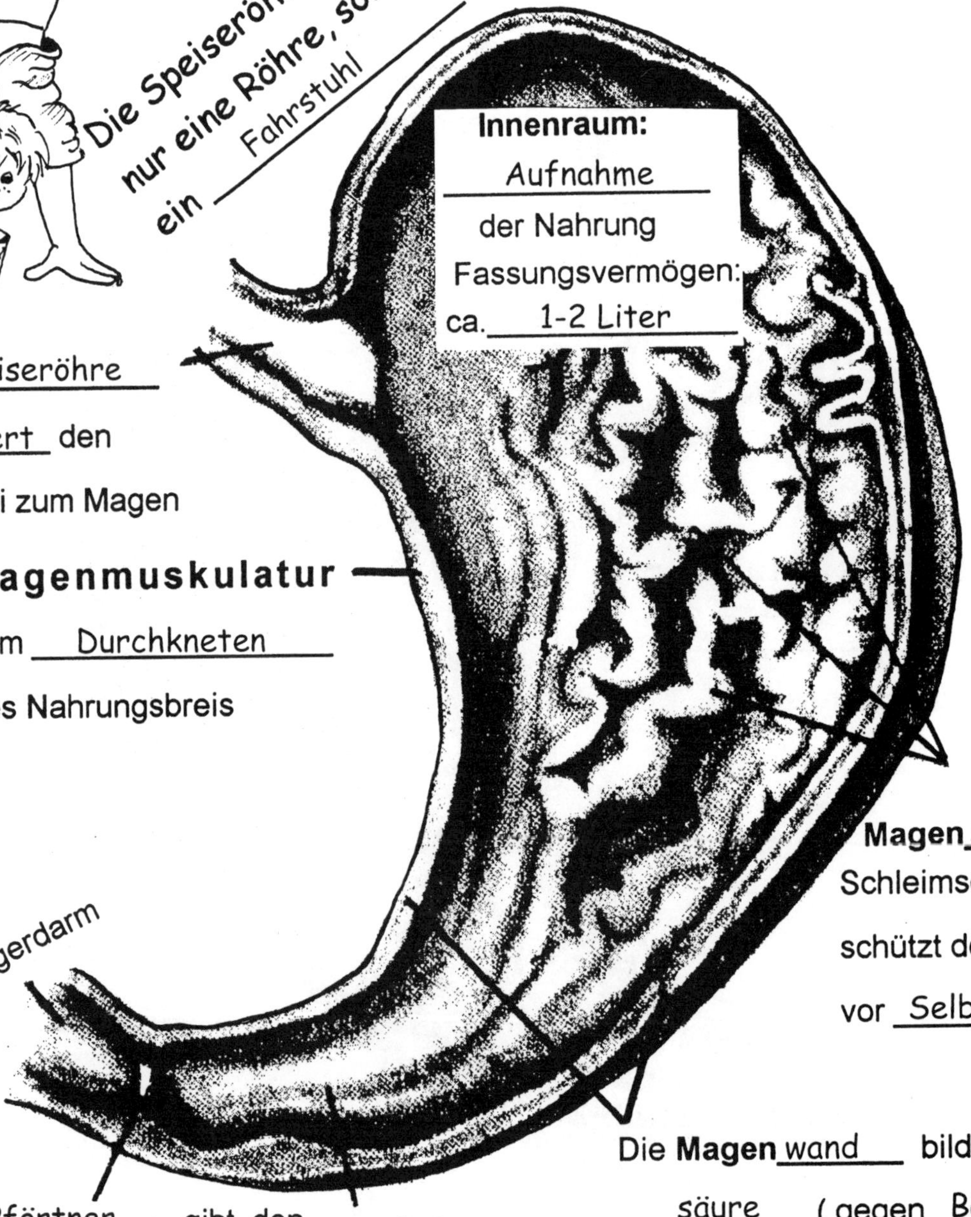

Innenraum: Aufnahme der Nahrung
Fassungsvermögen: ca. 1-2 Liter

Die Speiseröhre befördert den Speisebrei zum Magen

Magenmuskulatur zum Durchkneten des Nahrungsbreis

Zwölffingerdarm

Magenschleimhaut
Schleimschicht schützt den Magen vor Selbstverdauung

Der Pförtner gibt den Nahrungsbrei in Portionen an den Darm weiter.

Vorpförtner

Die **Magen**wand bildet Salz-säure (gegen Bakterien) und Pepsin (Verdauung von Eiweiß)

Das ist mir schon einmal auf den Magen geschlagen:

Schülerbeiträge, z.B. Stress mit den Eltern, Proben, Liebeskummer....

Biologie	Hilfe und Information (1)	

Die Magenwand in starker Vergrößerung. Aus den Höhlen quillt Schleim, der den Muskelsack vor Säure schützt - damit er sich nicht selbst verdaut.

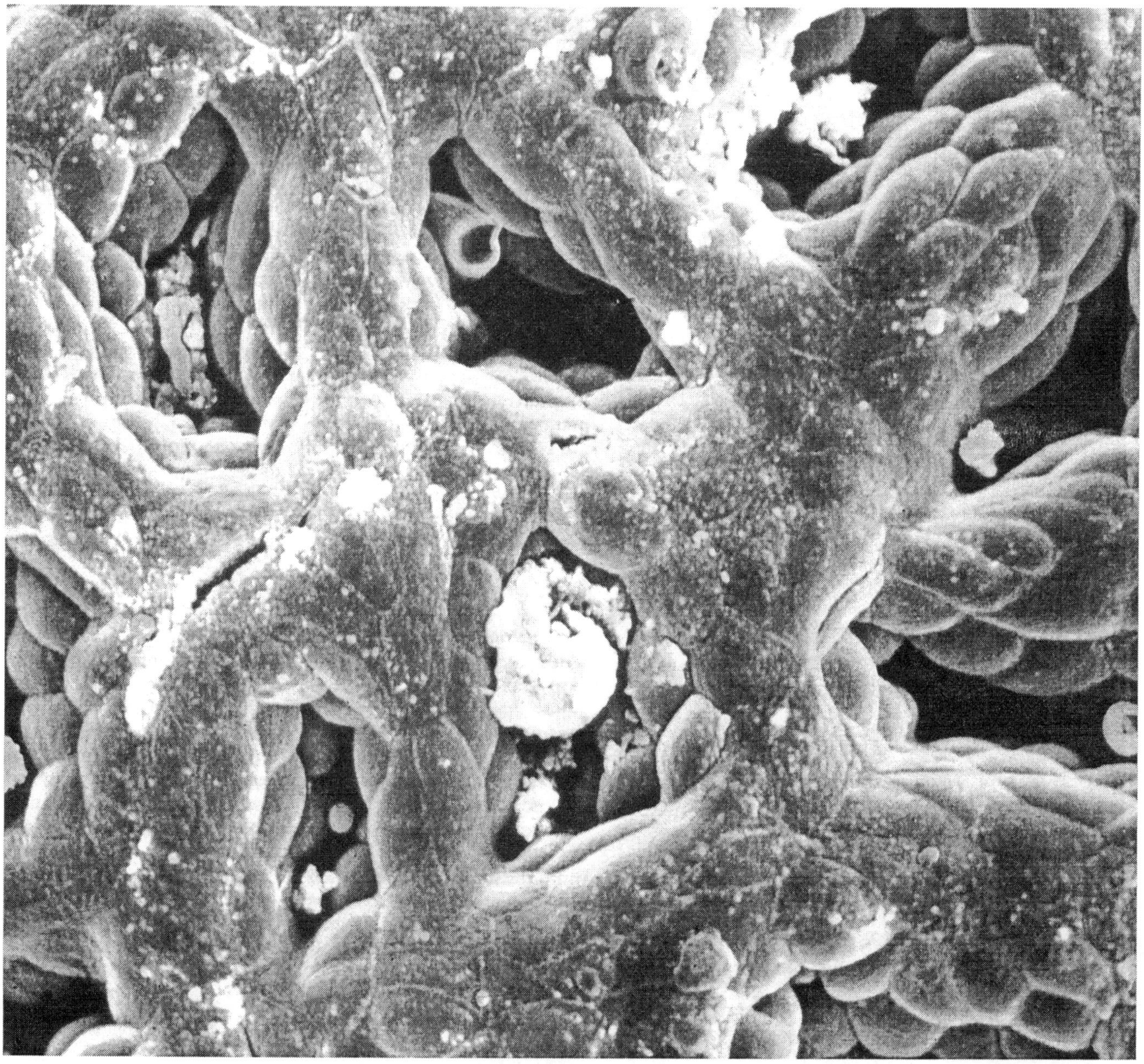

Stern 48 / 97

INFO

So kann ich Magenkrankheiten verhindern

1) Nach Möglichkeit vermeide ich schwer verdauliche, sehr kalte oder sehr heiße Speisen.
2) Am späten Abend esse ich nichts mehr.
3) Alkohol, vor allem hochprozentigen, meide ich.
4) Ich vermeide Stress - und baue ihn ab, wenn er unvermeidbar ist.
5) Ich rauche am besten nicht, vor allem nicht auf nüchternen Magen.
6) Ich ziehe ballaststoffreiche Nahrung den behandelten Lebensmitteln vor.
7) Ich vermeide aggressive Getränke, wie z.B. Kaffee.

Biologie	Hilfe und Information (2)	

Magenkrankheiten

INFO

Magenkrankheiten

sind heute weit verbreitet. Man weiß, dass Ärger und Sorgen " auf den Magen schlagen " können. Private und berufliche Probleme können die Magenfunktion beeinflussen. Im Mageninneren besteht beim Gesunden ein Gleichgewicht zwischen **Schutz** (ständige Erneuerung der Schleimhaut, Schleimbildung) und **Angriff** (sehr starke Magensäure und eiweißverdauendes Pepsin). Das heißt: Beim Gesunden schützt die Schleimschicht die Schleimhaut vor den gefährlichen Magensäften. Wenn aber durch Nervosität zuviel Salzsäure gebildet wird oder wenn Verdauungsbrei aus dem Zwölffingerdarm in den Magen zurückfließt, kann die Schleimhaut geschädigt werden und der Magen " sich selbst verdauen". Diese Selbstverdauung kann bis zum Magendurchbruch fortschreiten.
Heutzutage kann man den Großteil des Magens durch Operation entfernen. In diesem Fall übernimmt der Dünndarm die Verdauungsleistung des Magens. Ein solcher Patient, der keinen Pförtner mehr hat, muss von wenigen großen auf sehr viele kleine Mahlzeiten übergehen.

INFO

Sodbrennen

Fast 20 Prozent der Deutschen leiden gelegentlich oder dauerhaft unter brennendem Schmerz im Brustraum. Er entsteht, wenn gesäuerter Mageninhalt in die Speiseröhre zurückschwappt und sie verätzt. Hauptursache dieses SODBRENNENS: der Schließmuskel am unteren Ende der Röhre, der nicht mehr richtig abdichtet. Begünstigt wird die Volkskrankheit durch üppige Mahlzeiten, Übergewicht, Alkohol- und Nikotingenuss. Was von vielen als bloße Befindlichkeitsstörung abgetan und mit säurebindenden Mitteln aus der Apotheke bekämpft wird, kann auf Dauer gefährlich werden. Wenn die Schleimhaut immer wieder gereizt wird, kann Krebs entstehen. An Speiseröhrenkrebs sterben hierzulande inzwischen mehr Menschen als an Aids. Ärzte warnen vor der Verharmlosung ständigen Sodbrennens. Mit richtiger Lebensführung, Medikamenten gegen die Säurebildung und ärztlichen Kontrollen können die Patienten heute ein beschwerdefreies Leben führen.
(in: Stern 48/97)

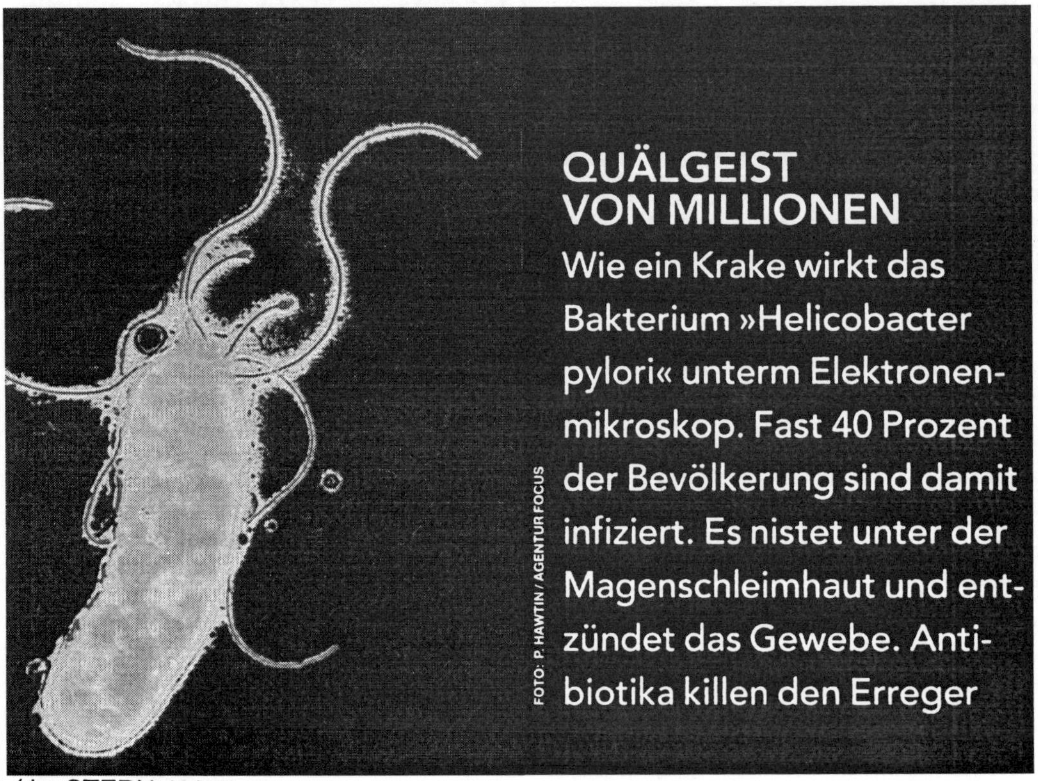

QUÄLGEIST VON MILLIONEN
Wie ein Krake wirkt das Bakterium »Helicobacter pylori« unterm Elektronenmikroskop. Fast 40 Prozent der Bevölkerung sind damit infiziert. Es nistet unter der Magenschleimhaut und entzündet das Gewebe. Antibiotika killen den Erreger
FOTO: P. HAWTIN / AGENTUR FOCUS

(in: STERN 48/97)

Verweildauer von Speisen im Magen
-Beispiele-

Fisch, Milch	1 Stunde
Reis	2 Stunden
Kartoffeln	3 Stunden
Brot	4 Stunden
Erbsen	5 Stunden
Geflügel,gebraten	6 Stunden
Schweinebraten	7 Stunden
Ölsardinen	über 8 Stunden

Die Verweildauer hängt davon ab, ob die Speise leicht oder schwer verdaulich ist.

Biologie	Hilfe und Information (3)	

Die Arbeit des Magens

Der Magen ist ein Teil des Verdauungssystems, Fortsetzung der Speiseröhre und endigend im Zwölffingerdarm. Die Magenwand besteht aus Muskelgewebe, um den Nahrungsbrei zu kneten, und einer Schleimhaut zum Schutz gegen die Magensäure und das eiweißspaltende Enzym, die beide von Drüsen in der Magenwand erzeugt werden.
Die erste Aufgabe des Magens besteht darin, die Nahrung aufzunehmen, eine Zeitlang zu speichern und in bedeutend kleineren Mengen dem Darm zuzuführen, so dass die Verdauung die verschiedenen Mahlzeiten über einen langen Zeitraum verarbeiten kann. Nachdem aus der Nahrung in der Mitte des Magens richtiggehend ein großer Ball geformt worden ist, der nur an der Außenseite durch die Magensäure angegriffen wird, können die Enzyme, die aus dem Mundspeichel stammen, im Magen dann noch innerhalb des Nahrungsbreies eine Zeitlang wirksam bleiben.Während der Verdauung wird immer wieder durch Zusammenziehung der Muskeln die äußerste Schicht des schon verdauten Nahrungsbreies in Richtung des Magenausgangs hin abgestreift. Der Magenausgang ist durch einen starken Ringmuskel, Pförtner genannt, abgeschlossen. Wenn sich der untere Teil des Magens zusammenzieht, entspannt sich gleichzeitig der Pförtner. So kann jeweils eine kleine Menge Nahrung in den Zwölffingerdarm übertreten. Auch der Mageneingang hat einen Schließmuskel, der aber lange nicht so stark ist wie der Pförtner. Die zusammen mit der Nahrung geschluckte Luft sammelt sich im oberen, sackartigen Teil des Magens. Ändert man die Körperhaltung, verschiebt sich diese Luft und man hört ein Glucksen. Unter der dicken Schicht zähen Schleims, die die ganze Magenwand bedeckt, liegt die Magenschleimhaut, in der sich die schleimproduzierenden Drüsen befinden. Etwas tiefer, in der darunterliegenden Bindegewebeschicht, befinden sich die magensäure - und enzymproduzierenden Drüsen. Diese führen die Säure und das ***Enzym Pepsin*** über dünne Kanälchen an die Oberfläche ab. Rundherum liegen Muskelschichten. In 24 Stunden werden etwa 2,5 Liter Magensaft produziert. Der Magensaft " läuft bereits ein ", wenn die Nahrung sich noch im Mund befindet. Im Magen wird vor allem Eiweiß verarbeitet. Unter dem Einfluss der Säure nimmt das Eiweiß der Nahrung Wasser auf, das Enzym Pepsin spaltet es dann auf. Die dicke Schleimschicht bewahrt den Magen vor einer " Selbstverdauung" . Der Mensch kann, wenn nötig, den ganzen Magen entbehren, denn die Verdauung - auch die von Eiweiß - findet unter Einfluss zahlreicher anderer Verdauungssäfte noch in den Därmen statt. (frei nach Das große Lexikon der Medizin 4)

Über die Magensäure

Der Magensaft besteht auch aus Salzsäure, die nicht nur die Nahrung angreift, sondern auch Bakterien. Vor allem bei leerem Magen ist der Magensaft stark sauer. Bakterien, die vielfach aus den Atmungswegen stammen und hinuntergeschluckt werden und so in den Magen gelangen, aber auch die Bakterien in der Nahrung werden durch den Magensaft getötet. Nur wenige Arten, wie z.B. Tuberkelbazillen, haben eine Schutzschicht, wodurch sie den Magen ungehindert passieren können. Die Magensäure ist auch für unbemerkt mit der Nahrung geschluckte Würmer tödlich(z.B. Würmer in Äpfeln), nicht immer jedoch für die Eier von allerlei Parasiten(beispielsweise Madenwürmer, Bandwurm). Viele Giftstoffe werden nach Vermischung mit der Salzsäure des Magens unwirksam.

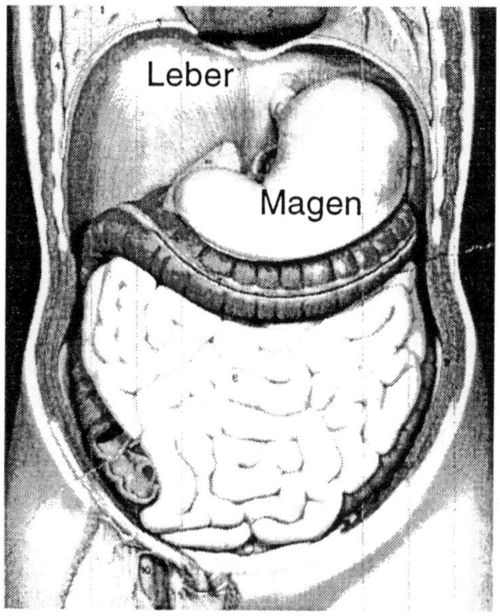

THEMA

Die Verdauung und ihre Organe

LERNZIELE

- Kenntnis der Bezeichnungen und Lage der wichtigsten Organe, die an der Verdauung beteiligt sind;
- die 5 Grundstoffe kennen;
- wissen, dass bei der Verdauung die Grundstoffe wasserlöslich gemacht werden, damit sie vom Blut aufgenommen werden können ;
- die wesentlichen Aufgaben der einzelnen Organe erfahren ;
- Bereitschaft zur Gesunderhaltung der Verdauungsorgane;
- Arbeitstechniken : Informationen entnehmen, experimentieren; zuordnen

ARBEITSMITTEL / MEDIEN / LITERATUR

- Arbeitsblätter, Infotexte, Folien, Versuchsmaterialien (s.Anhang) , Torso, Bildkarten
- Filme, z.B. FWU 3202089 (Verdauung und Nahrung)
  FWU 3203565 (Nahrung und Verdauung)
- Diareihen, z.B. FWU 1000403 (Verdauungs-und Ausscheidungsorgane, Drüsen)
  FWU 1002347 (Verdauung)
- Mensch und Gesundheit, Folienatlas, Baierbrunn 1994
- Der Mensch: Ernährung und Verdauung, Düsseldorf 1992

BILD: Bauchspeicheldrüse

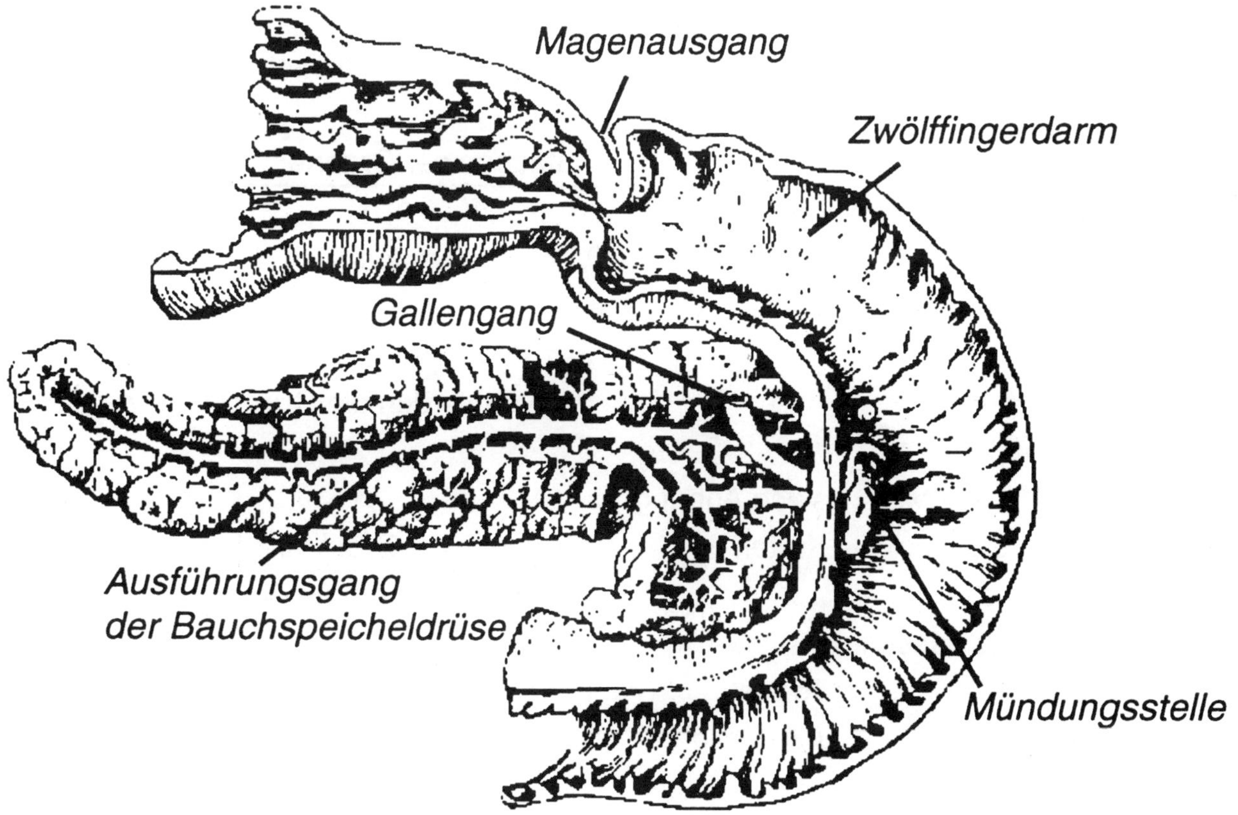

(nach: Der Gesundheitsbrockhaus, Wiesbaden 1953)

HINWEIS

Es empfiehlt sich, die in der UE " Unsere Nährstoffe " eingeführten Symbole in der vorliegenden UE weiter zu verwenden !

STUNDENVERLAUF

I. Hinführung

Anknüpfung		Wiederholung: Nahrung, Grundstoffe
Aussprache		Bezug auf irgend ein Organ; aktueller Anlass: xy hat Bauchweh, Durchfall....
Zielangabe	TA	**Verdauungsorgane und ihre Aufgaben**

II. Erarbeitung

1. Teilziel		Lage / Bezeichnung der Organe
■ Vorwissen		Der Weg der Nahrung (Apfel...) im Körper
Vermutungen		
Lokalisieren am eigenen Körper		
■ Informationen in EA, PA, GA entnehmen	Quellen: Filme, Buch, AB (Infotext), Torso zerlegen, zusammensetzen	
■ Auswertung:		
Sdarb, UG		Begriffe: Speicheldrüsen, Speiseröhre....(AB)
2. Teilziel		Aufgaben der Organe
■ Problemverdeutlichung		
Ldarb	Gefäße,	Versuch: Fett löst sich nicht in Wasser
Aussprache	Wasser, Öl	
Impuls		Fett muss löslich (in Wasser/Blut) gemacht werden
Problem		z.B. Wo werden die Grundstoffe zerkleinert ?
■ Informationen		
Entnahme bzw.	siehe Anhang	
L/ SS Versuche	Karten	Lösungshilfe: Evtl. beim Thema "Nährstoffe"
Aussprache		eingeführte Symbole (Vorschlag auf AB)
■ Zusammenfassung		
Sdarb	Torso	Lage, Bezeichnung, Aufgaben der Organe
■ Sicherung	AB / Folie	Lückentexte

III. Anwendung

Beispiele:	evtl. AB	Krankheiten am Verdauungssystem
Referate, Fragebogen, Belehrungen, Zusatzstunden, Besuch von Ärzten usw.		Zuckerkrankheit, Zahnkrankheiten Rauchen und Hunger Magersucht, Bulimie Ernährung und Haut

Organe und Verdauung

farblich zuordnen

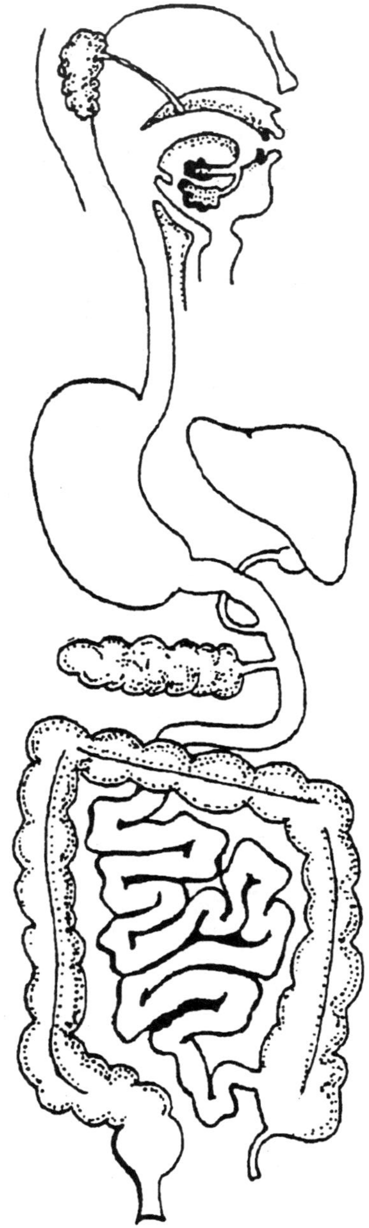

	mechanisch	chemisch
	______ der Nahrung	
	______ machen	S ______ wird in Z ______ umgewandelt
	______ zum Magen	
	______ der Nahrung	E ______ wird in seine < > ______ zerlegt
	F ______ zerkleinert F F F ______ in Tröpfchen	
		Drüsensaft zerlegt F ☞ F ______ <E> ☞ < > ______ Z ☞ Z ______
	______ des Speisebreis	Aufnahme der ______ Stoffe in das ______
	Abgabe von ______ Weitergeben	Fäulnisbakterien bilden ______
	Sammeln des ______	

Organe und Verdauung

farblich zuordnen

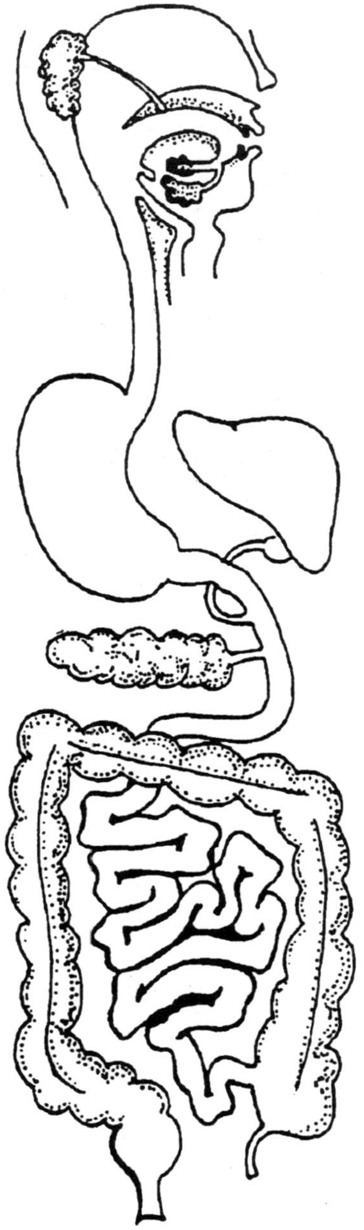

Organe	mechanisch	chemisch
Zähne	Zerkleinerung der Nahrung	
Speicheldrüsen	gleitfähig machen	S Stärke wird in Z Zucker umgewandelt
Speiseröhre	Fahrstuhl zum Magen	
Magen	Durchkneten der Nahrung	E Eiweiß wird in seine ‹ › Bestandteile zerlegt
Leber Gallenblase	F Galle zerkleinert F F F Fett in Tröpfchen	
Bauchspeicheldrüse		Drüsensaft zerlegt F → F Fett E → ‹ › Eiweiß Z → Z Zucker
Dünndarm	Weitergeben des Speisebreis	Aufnahme der gelösten Stoffe in das Blut
Dickdarm	Abgabe von Wasser Weitergeben	Fäulnisbakterien bilden Gase
Mastdarm	Sammeln des Kots	

Biologie	Hilfe und Information (1)	

Lückentext zu: ORGANE (einfach, Sprechanlass)

Monika isst einen Butterkeks. Sie schiebt ihn in den __________. Mit den vielen Z____________, der Z____________, vorbei am K_______________, beginnt die Reise des Butterkeks durch die Innenwelt Monikas. Ein Fahrstuhl, die S______________, befördert den Keks in den M____________. Wenn dann dort der Ausgang geöffnet ist, gelangt der Keks in den Z________________________, von dort in den D______________. Obwohl der Keks inzwischen von Säften des M______________ und des M____________ schon recht nass geworden ist, genügt dies dem Körper Monikas immer noch nicht: Die L____________ schickt G____________ in den D______________, die B____________ - ____________________ begießt den Keks auch noch mit einer Flüssigkeit. Dort, im D__________________, kommt der Keks immer wieder mit Blut in Berührung. Was will es von ihm ? Schließlich gelangt unser Keksbrei in den D____________, wo er immer trockener wird. Und zuletzt sitzt der ehemalige Butterkeks im M________________, von dem aus er Frischluft wittert. Ist die Reise zu Ende ? Geht die Reise wirklich so vor sich ? Oben rein - unten raus ?

Information: Verdauung (anspruchsvoller)

Verdauung heißt: Die Nährstoffe werden in so kleine Bausteine zerlegt, dass diese die Darmwände durchdringen, vom Blut aufgenommen und von den Zellen verarbeitet werden können. Der Verdauungsweg der Nahrung beginnt im Mund. Hier wird sie zerkleinert und mit Speichel durchfeuchtet. Je feiner die Speisen zerkleinert werden, desto wirksamer können sie von den Verdauungssäften bearbeitet werden. (Johannisbeeren, zum Beispiel, unzerkaut geschluckt, gehen ungenützt wieder ab) .Der Speichel wandelt die nicht wasserlösliche Stärke in wasserlöslichen Zucker um.
Die **Speiseröhre** ist ein Muskelschlauch, der durch seine Peristaltik (wurmförmige Bewegung) den Speisebrei zum **Magen** befördert. Der Magen ist ein mit Schleimhaut ausgekleideter, dehnbarer Hohlmuskel. Drüsen der Magenschleimhaut sondern Salzsäure ab, die im Magen ein saures Milieu bewirkt und auf Eiweißstoffe einwirkt. Im Magen leitet außerdem ein Enzym die Eiweißverdauung ein. Durch Muskelbewegungen des Magens wird der Speisebrei durchgeknetet und in kleinen Portionen durch den mit einem Ringmuskel verschlossenen Magenausgang, den Pförtner, in den Dünndarm weitergeleitet.
Im oberen Teil des **Dünndarms**, dem Zwölffingerdarm, wird der saure Speisebrei durch den basischen Darmsaft neutralisiert. Hier endet auch der gemeinsame Ausführungsgang der **Bauchspeicheldrüse** und der **Gallenblase**. Der von der **Leber** produzierte und in der Gallenblase gespeicherte Gallensaft zerlegt Fett in kleinste Tröpfchen. So können sie, wie auch die Eiweißstoffe und Kohlenhydrate, von den Enzymen des Bauchspeichels und des Darmsaftes in ihre Grundbestandteile zerlegt werden. Die Oberfläche der Schleimhaut des 6 bis 7 Meter langen Dünndarms ist durch Fältelung und Zottenbildung extrem vergrößert. Sie entspricht mit einer Fläche von ca. 500 Quadratmetern in etwa der Größe eines Tennisplatzes und ist von zahlreichen Blutgefäßen durchzogen. Hier werden die kleinsten Teilchen der Nährstoffe vom Blut aufgenommen und zur Leber weitergeleitet. Der Dünndarm ist also das Zentrum der Verdauung. Er leitet den Darminhalt durch wurmförmige Bewegungen weiter an den **Dickdarm.** Dieser hat keine Zotten und enthält auch keine Enzyme. Hier sind Darmbakterien angesiedelt, die die restlichen Kohlenhydrate, Zellulose und Eiweißstoffe, vergären. Im Dickdarm werden dem Darminhalt auch noch Wasser und Vitamine entzogen. Der Darminhalt besteht jetzt nur noch aus unverdaulichen Ballaststoffen, Darmbakterien, abgestoßenen Zellen der Darmschleimhaut, Fett und Schleim und wird im letzten Darmabschnitt, dem **Mastdarm**, zu Kot geformt. Ist der Mastdarm mit Kot gefüllt, kommt es zum Stuhldrang. Der Ringmuskel am Darmausgang kann willentlich gesteuert und der Darm entleert werden.

Biologie	Hilfe und Information (2)	

Schmarotzer im Darm

Der menschliche Darm ist für manche Wurmarten ein Schlaraffenland.

Rinderbandwurm

Der Rinderbandwurm braucht weder Augen noch Ohren, weder Magen noch Darm. Er lebt mitten in der Nahrung und nimmt sie durch die Haut auf. Die Verdauung hat sein Wirt, der Mensch, bereits für ihn besorgt. Er muss nur eines tun: sich festklammern, damit er nicht mit dem Speisebrei weiterbefördert wird. Dazu besitzt er an seinem Kopf Saugnäpfe. Der Leib besteht aus tausenden von Gliedern, die sich hinter dem winzigen Kopf immer neu bilden. In jedem Einzelglied entwickeln sich mehrere tausend Eier. Die größeren, reifen Endglieder werden abgestoßen. Sie zerfallen nach dem Verlassen des Darms und die Eier gelangen meist mit dem Dünger oder mit Abfällen auf Felder und Wiesen. Nimmt ein Rind mit dem Futter solche Eier auf, so schlüpfen in dessen Magen winzige Hakenlarven. Diese durchbohren die Darmwand und setzen sich im Fleisch, d.h. in den Muskeln fest. Hier werden sie zu sogenannten Finnen. Isst ein Mensch rohes, verfinntes Rindfleisch, so entwickelt sich im Magen oder Darm aus der Finne ein Bandwurmkopf, der in den Dünndarm wandert, sich dort mit seinen Saugnäpfen festsetzt und Glieder bildet. Der Kreislauf ist geschlossen. Der Bandwurm entzieht seinem Wirt einen großen Teil der aufgenommenen Nahrung. Durch eine Wurmkur muss er gezwungen werden, den Körper zu verlassen.

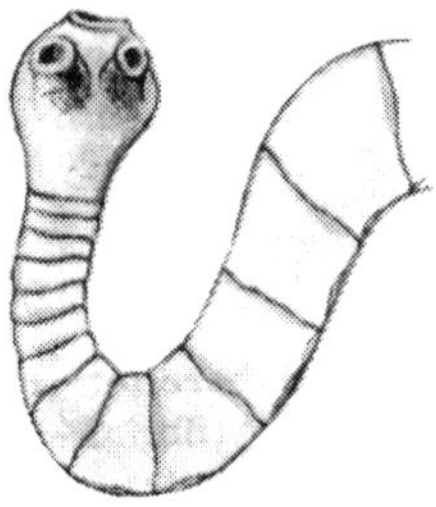

Rinderbandwurm
(Kopfteil)

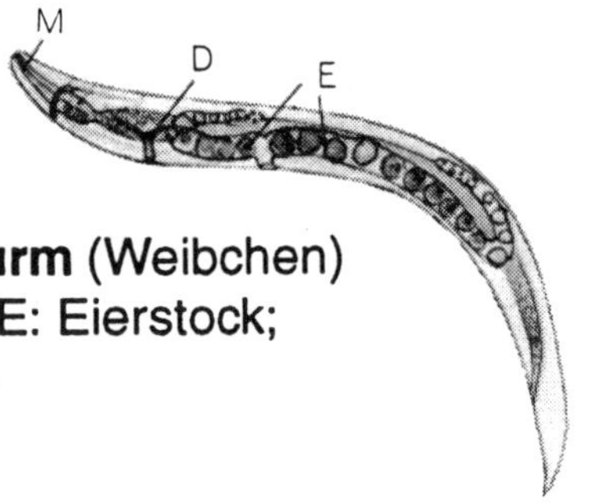

Madenwurm (Weibchen)
D: Darm; E: Eierstock;
M: Mund

Madenwürmer

Kinder können besonders unter Madenwürmern leiden. Die Weibchen werden etwa 1 cm lang, verlassen nachts den Darm, um die bis zu 12000 Eier am After abzulegen. Dies ruft einen heftigen Juckreiz hervor: Das geplagte Kind kratzt sich, und so gelangen die Eier leicht unter die Fingernägel und von da in den Mund. Trockener, zerstaubter Kot, der vom Wind verweht wird, trägt die Eier an Obst und Gemüse. Ratschläge: Iss kein ungewaschenes Obst und Gemüse! Kein rohes Hackfleisch essen! Wasche vor dem Essen die Hände!

Quelle: Der Mensch und seine Umwelt, Braunschweig 1977

Ballaststoffe im **Darm**

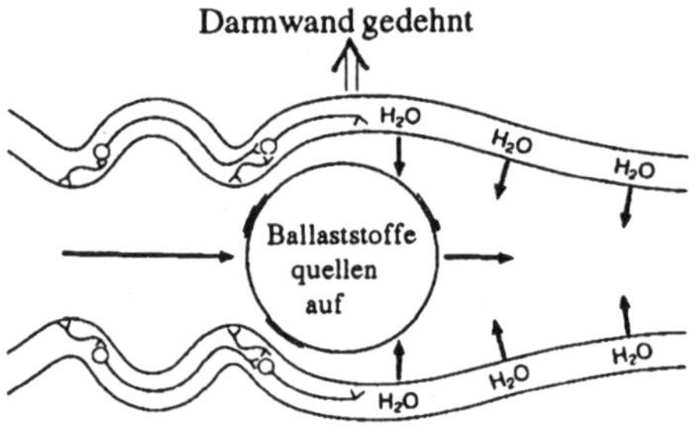

Wenn die Ballaststoffe im Darm aufquellen, dehnt sich die Darmwand. Das verstärkt die Darmtätigkeit.

1550 g	Speichel
750 g	Galle
3000 g	Magensaft
300 g	Bauchspeichel
3400 g	Darmsaft

Diese Mengen an Verdauungssäften werden von den Verdauungsdrüsen innerhalb von 24 Stunden abgesondert.

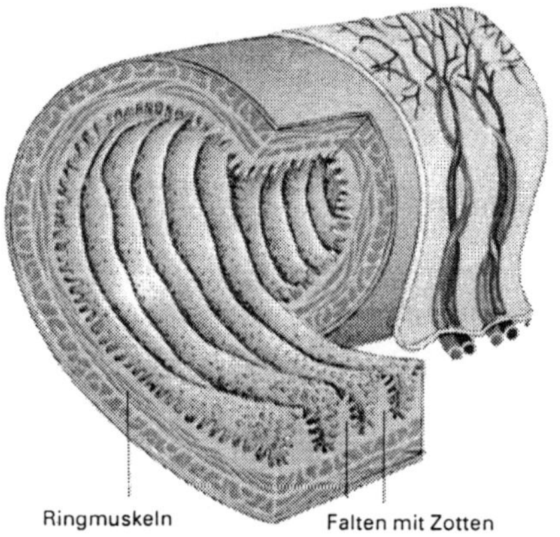

Blick in den
Dünndarm
(Muskeln, Zotten, Blutgefäße)

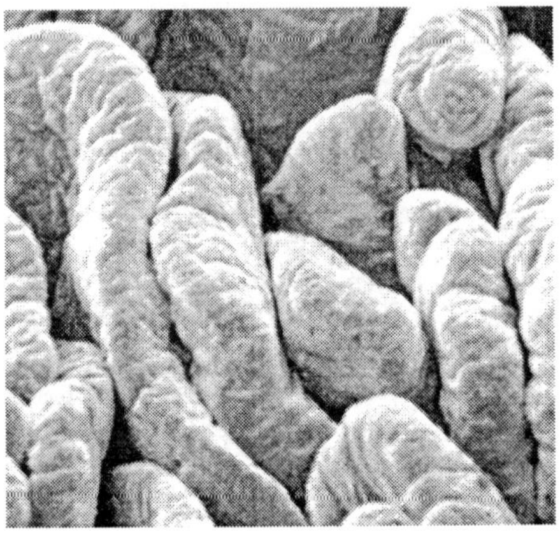

Biologie	Hilfe und Information (3)	

Verdauungssysteme

(aus: Bertelsmann Handlexikon, Gütersloh 1975)

Wirbeltiere

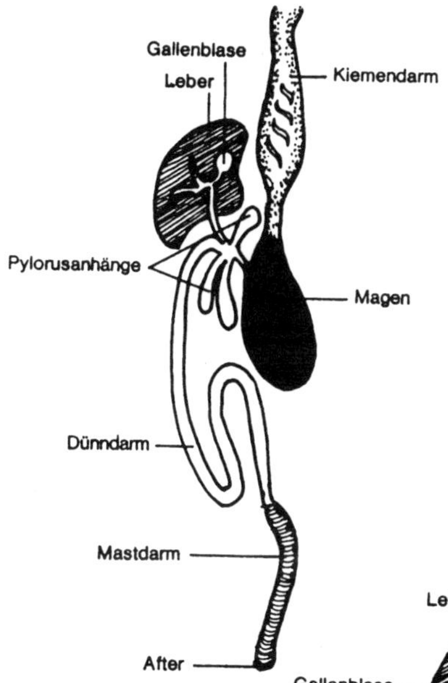

Fisch

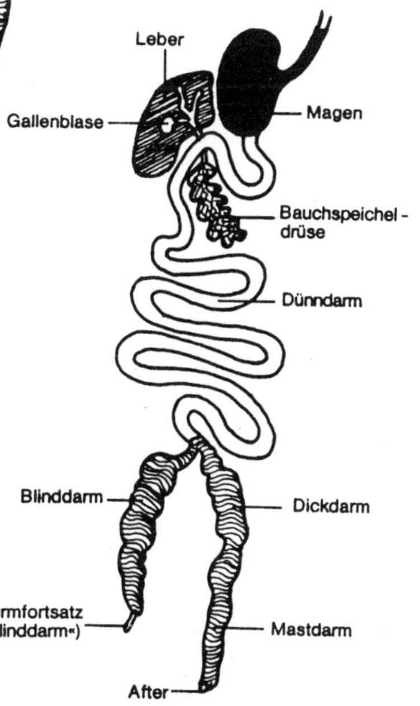

Säuger

Wirbellose

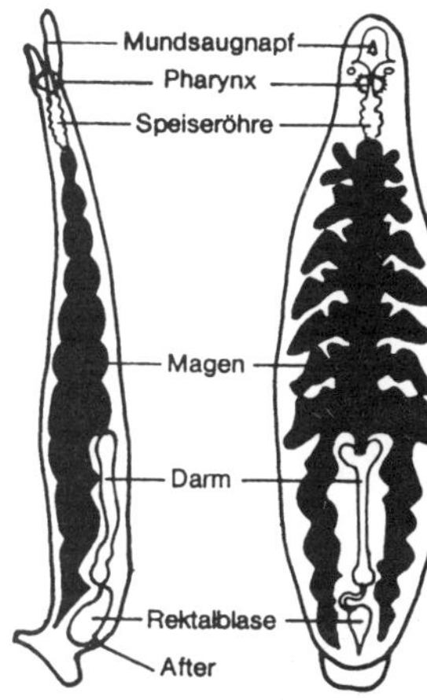

Ringelwurm, Blutegel

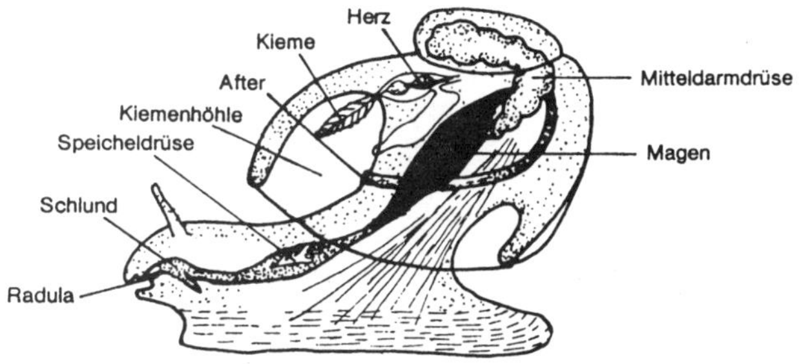

Weichtier, Schnecke

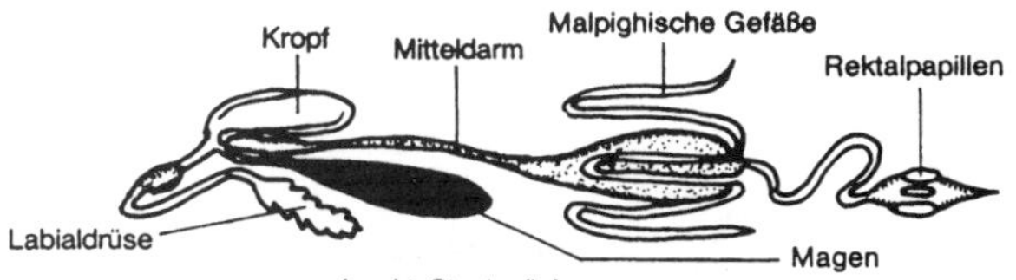

Insekt, Stechmücke

Verdauung von Fetten

Fette setzen sich aus Glyzerin und Fettsäuren zusammen. Ihre Verdauung beginnt im Dünndarm, wo sie zunächst mit Gallensaft vermischt und in feinste Tröpfchen zerlegt werden. Ein Teil dieser Fetttröpfchen wird direkt von den Lymphgefäßen der Darmzotten aufgenommen. Die übrigen werden von einem Enzym der Bauchspeicheldrüse in Glyzerin und Fettsäuren zerlegt. Während kurzkettige, wasserlösliche Fettsäuren von den Blutgefäßen der Darmzotten aufgenommen und mit dem Blut weitertransportiert werden, vereinigen sich langkettige Fettsäuren und Glyzerin nach Aufnahme in die Darmwand zum Teil wieder zu Fetten. Diese werden an Proteine gekoppelt und von den Lymphgefäßen der Darmzotten aufgenommen. Über die Lymphgefäße gelangen die Fette in die linke Schlüsselbeinvene. Mit dem Blut werden die Fette als Brenn-, Bau- und Speicherstoffe zu den Körperzellen transportiert.

Verdauung von Eiweiß

Eiweiße bestehen aus verschieden langen Ketten unterschiedlicher Aminosäuren. Auf dem Wege der Verdauung werden die Eiweiße in die einzelnen Aminosäuren zerlegt. Dieser Prozess beginnt im sauren Milieu des Magens. Die Salzsäure des Magensaftes aktiviert ein Enzym, das die Eiweißstoffe vorverdaut. Die eigentliche Aufspaltung wird durch Enzyme des Bauchspeichels im Dünndarm bewirkt. Die Aminosäuren werden von den Blutgefäßen in den Darmzotten aufgenommen und vom Blut zur Leber weitergeleitet, wo sie zu körpereigenen Eiweißstoffen zusammengesetzt werden.

Verdauung von Kohlenhydraten

Sie beginnt bereits im Mund durch ein Enzym des Mundspeichels. Dort werden die Kohlenhydrate in kurze Zuckerketten zerkleinert. Der endgültige Abbau zu Einfachzuckern findet aber erst im Dünndarm durch Enzyme der Bauchspeicheldrüse und des Darmsaftes statt. Die entstandenen Einfachzucker werden im Bereich der Darmzotten vom Blut aufgenommen und zunächst zur Leber transportiert. Hier findet ein eventueller Umbau zu Glukose statt, die als Blutzucker den verbrauchenden Zellen zugeführt wird. Überschüssige Glukose wird in der Leber als tierische Stärke gespeichert.

Biologie	Hilfe und Information (4)	

Der gesamte Verdauungsweg von den Lippen des Mundes bis zu Ausgang des Darms ist fast zehn Meter lang, also etwa fünf- bis sechsmal länger, als der ganze Körper des Menschen misst.

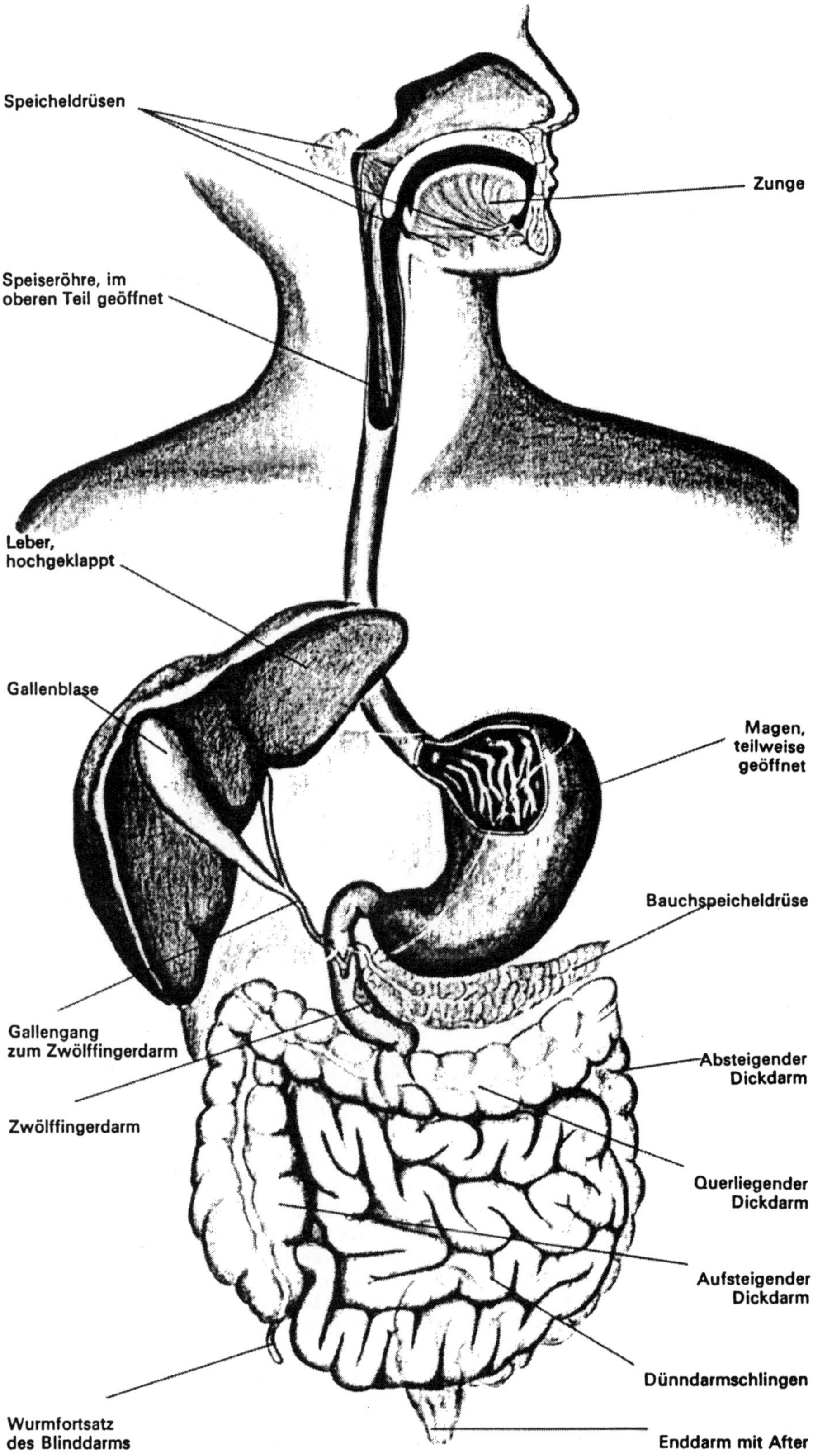

Lit.: PLESSNER, M., Der Mensch, Sein Körper und sein Geist, S. 40

Biologie	Hilfe und Information (5)	

Durchfall

Wenn am Tage mehr als dreimal unzureichend eingedickter oder gar flüssiger Stuhl ausgeschieden wird, spricht man von Durchfall. Dabei
- werden vermehrt Verdauungssäfte ausgeschieden,
- wird die Wasseraufnahme durch den Dickdarm vermindert,
- werden die Dickdarmbewegungen beschleunigt.

Da die Darmbewegungen von Nerven gesteuert werden, kann auch Stress (Angst, Spannungen....) Durchfall auslösen. Meist tritt er auf bei Reizung der Darmschleimhaut durch Bakterien und ihre Gifte, Viren, Nahrungsmittelgifte u.a.
Durchfall ist ein Krankheitszeichen und kann durch hohe Wasser- und Mineralstoffverluste lebensbedrohend werden. Da durch ihn auch Krankheitserreger und Gifte ausgeschieden werden, sollte sich die Behandlung zunächst auf den Flüssigkeits - und Salzersatz beschränken. In schweren Fällen und bei blutigen Ausscheidungen muss unverzüglich ein Arzt gerufen werden.
(nach: Der Mensch: Ernährung und Verdauung, Düsseldorf 1992)

Verstopfung

Bei einer Verstopfung ist der Stuhl mengenmäßig zu gering, von harter, trockener Beschaffenheit und kann mindestens drei Tage nicht ausgeschieden werden.
Die Ursachen liegen meistens
- in einer ballaststoffarmen Ernährung:
Der Darmbrei bleibt zu lange im Dickdarm. Weil die ballaststoffarme Nahrung fast völlig im Dünndarm verdaut wird, gelangt nur wenig Darmbrei in den Dickdarm. Da Quellstoffe fehlen, wird dem Darm zu viel Wasser entzogen. Es bildet sich mengenmäßig geringer, harter Stuhl;
- mangelnder Flüssigkeitszufuhr und / oder
- im Bewegungsmangel:
Dabei stumpft der Magen- Dickdarmreflex ab.

Abführmittel sollten nur in Notfällen und nicht gewohnheitsmäßig genommen werden. Ein Missbrauch führt zur Störung des Kaliumhaushaltes und damit zur Schädigung des Herzmuskels.
(nach: Der Mensch: Ernährung und Verdauung, Düsseldorf 1992)

Blähungen

Bei der Verdauung entstehen im Dickdarm durch Gärungs- und Fäulnisvorgänge Gase, die normalerweise mit dem Stuhlgang entleert werden. Auch beim Gesunden treten nach dem Verzehr bestimmter Nahrungsmittel (Kohl, Hülsenfrüchte u.a.) Blähungen auf. Bilden sich aber laufend Blähungen, die dazu noch einen besonders penetranten Geruch aufweisen, so ist im Ablauf der Verdauungsvorgänge an irgend einer Stelle eine Störung eingetreten:
- Der Magen weist eine mangelnde Funktion auf.
- Ein unzureichender Gallenfluss; der Nahrungsbrei gelangt nicht ordnungsgemäß abgebaut in den Dickdarm und die Bakterien dort finden reichlich Gelegenheit zur Gärung und Fäulnis, mit denen dann die Gase entstehen.

Die Gasansammlung im Bauch führt zu unangenehmem Druck. Das Zwerchfell wird nach oben gepresst , die Atmung ist behindert . Besonders auch Säuglinge und Kleinkinder leiden unter Blähungen, da sich bei ihnen die Verdauung erst einstellen muss.

Der Blinddarm

Blinddarm wird das sackartige untere Ende des aufsteigenden Dickdarms unterhalb der Einmündung des Dünndarms genannt. Er ist allseitig vom Bauchfell überzogen, beweglich und liegt gewöhnlich auf der rechtsseitigen Beckenschaufel im rechten Unterbauch. Er ist etwa 10 cm lang. Die Einmündungsstelle des Dünndarms bildet eine Klappe, die zwar den Eintritt von Dünndarminhalt zulässt, ein Zurücktreten aber verhindert. Am unteren Ende des Blinddarms sitzt der Wurmfortsatz. Bei der sogenannten Blinddarmentzündung ist nicht der Blinddarm, sondern der Wurmfortsatz entzündet. Erste Zeichen dafür: Bauchschmerzen, später im rechten Unterbauch; Loslassschmerz (Hand vom Unterbauch plötzlich entfemen). Diese Krankheit ist gefährlich und muss rechtzeitig behandelt werden.

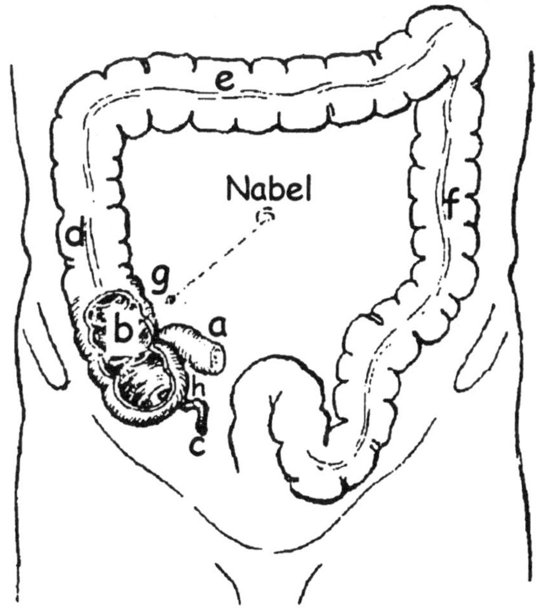

Schema des Dickdarmverlaufs:
a Ende des Dünndarms, der mit einer Klappe in den Dickdarm einmündet;
b der aufgeschnitten gezeichnete Blinddarm;
c Wurmfortsatz, der bei h in den Blinddarm einmündet; d aufsteigender, e quer verlaufender, f absteigender Dickdarm; g Stelle, wo bei Blinddarmentzündung meistens Schmerzen angegeben werden ;

(nach: Der Gesundheitsbrockhaus, Wiesbaden 1953)

Biologie	Experimente zur Verdauung	

a) SPEICHEL wandelt STÄRKE in ZUCKER um:
Schüler kauen ein Stück Brot, ohne es zu schlucken.
Nach einiger Zeit schmeckt der Brei süß: Mehlstärke in Zucker umgewandelt

b) Nachweis von **FETT:**
Fettfleck auf Papier

c) Nachweis von **ZUCKER:**
- Geschmacksprobe
- 2 ml Fehlings Reagenz der Zuckerlösung zugeben, erhitzen, Rotfärbung

d) Nachweis von **EIWEIß**
Mischung aus Wasser, Eiklar, Millons Reagenz, Rotfärbung

e) Wirkung des **MAGENSAFTES** (Langzeitversuch)

V: 4 Reagenzgläser gefüllt mit
- 6ml Wasser, etwas zerriebenem Fisch
- 6ml 0,2 % ige Salzsäure, Fisch
- 6ml 1 % ige Pepsinlösung, Fisch
- 5ml 0,2 % ige Salzsäure, 1 ml 1 % ige Pepsinlösung, Fisch

Wasserbad (37 Grad, 15 Minuten)

1. Beobachtung:
- Fisch: Viel Eiweiß
- WASSER: Keine Verdauung
- SALZSÄURE: Fisch quillt lediglich
- PEPSIN: Trübung, kaum Wirkung
- SALZSÄURE + PEPSIN: Zerfall der Fischflocken in feine Teilchen

ERGEBNIS: Pepsin wird durch Salzsäure aktiviert,
beide zusammen verdauen Eiweiß

2. Beobachtung: Einige Tage bleiben die 4 Reagenzgläser stehen.
Lösungen mit Salzsäure geben keinen fauligen Geruch ab.

ERGEBNIS: Salzsäure tötet Bakterien, wirkt also gegen Infektionen.

f) Wirkung von **GALLE** auf **FETT**

V: 10ml 5 % ige Galle, 1 Tropfen Olivenöl - Vergleich: Wasser + Olivenöl
Schütteln

Beobachtung: * Wasser + Fett: Fetttröpfchen bilden auf Oberfläche Ölschicht
* Galle + Fett: Schicht besteht aus vielen einzelnen Tröpfchen

Ergebnis: Galle zerteilt Fett in kleinere Tröpfchen

Biologie		

Die Verdauung veranschaulicht

Beschrifte: Was soll was darstellen ?

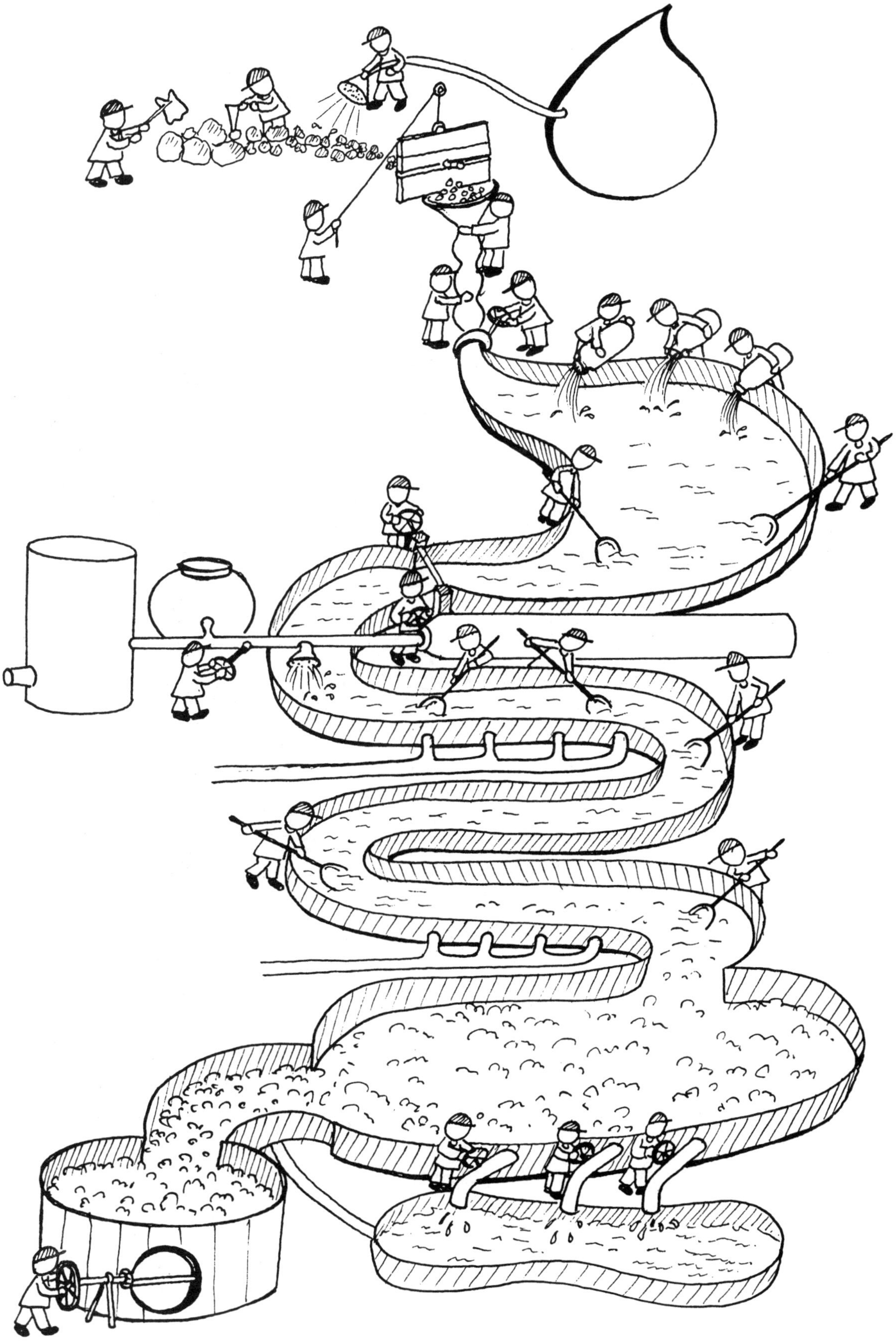

Biologie		

Die Verdauung veranschaulicht

Beschrifte: Was soll was darstellen ?

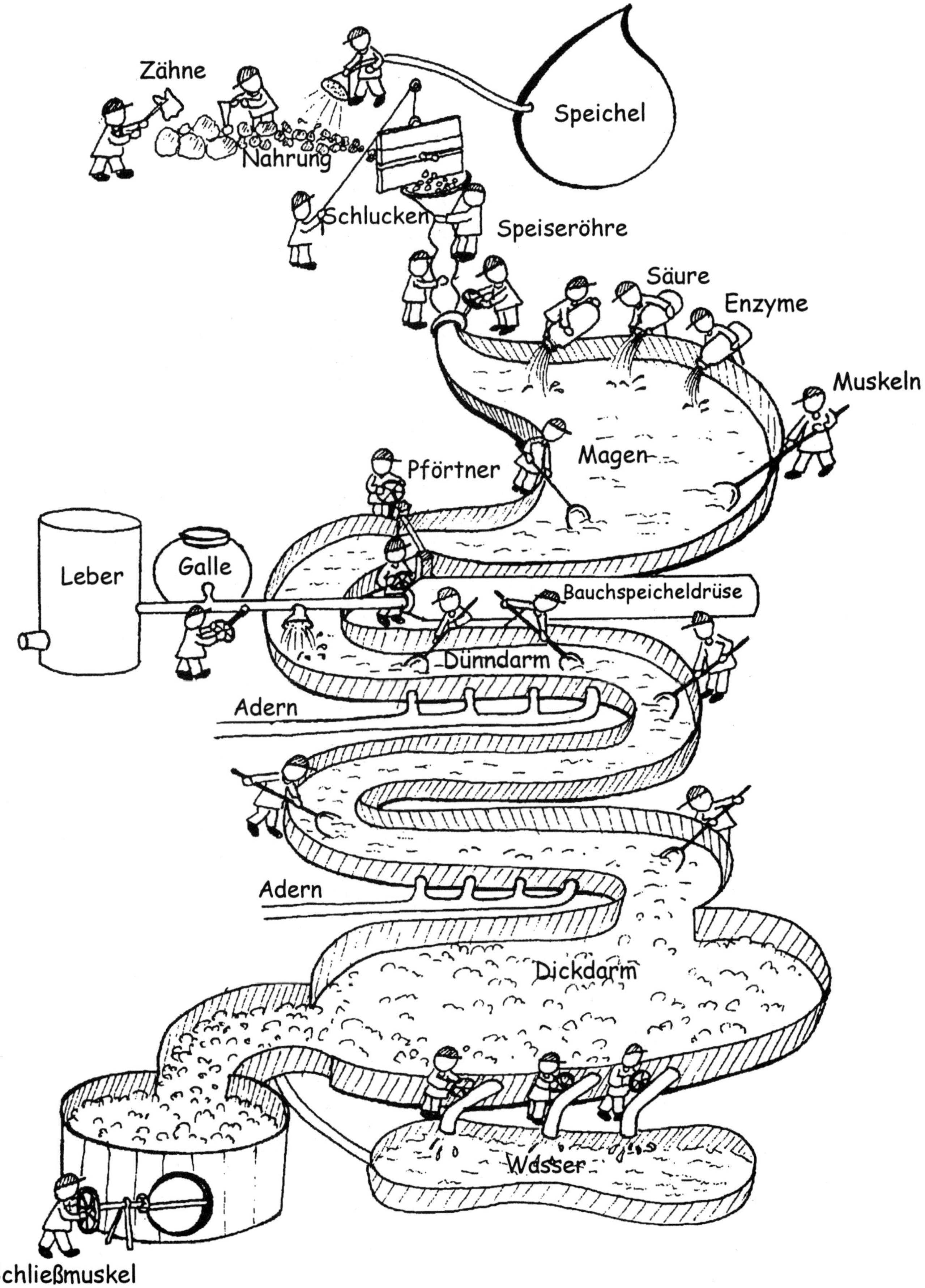

Kontrollkarten zum Selbsttest (auch als Spiel einsetzbar)

Wie heißen die sechs Nährstoffe?	Aus welchen sechs Nahrungsmittelgruppen solltest du täglich etwas zu dir nehmen?	Wie kannst du dein Gewicht halten?	Warum können wir nicht ganz auf Fett in der Nahrung verzichten?
Warum bewirken Ballaststoffe ein Sättigungsgefühl?	Welche Produkte sind hochwertige Eiweißträger?	Was ist *Verdauung*?	Welche Organe wirken bei der Verdauung mit?
Welche Drüsensäfte wirken bei der Verdauung mit?	Wie halte ich den Magen gesund?	Was geschieht im Dünndarm?	Welche Aufgaben haben die Bakterien im Dickdarm?
Welche Arbeit leistet der Magen?	Welche Ursachen kann Verstopfung haben?	Was ist Bulimie?	Was ist Magersucht?
Was ist ein BMI und wie berechnet man ihn?	Welche drei Aufgaben hat Wasser in unserem Körper?	Welche Aufgaben (mechanisch und chemisch) hat die Zunge?	Wozu brauchen wir Speichel?
Welche drei Zahntypen haben wir und wie arbeiten sie?	Was ist Karies und wie entsteht sie?	Was ist Parodontose? Wie kann man sie vermeiden?	Nenne vier gute Durstlöscher!

Kontrollkarten - Antworten (seitenverkehrt)

Fett = Energieträger zur Erhaltung der Körperwärme und -kräfte	Energieverbrauch und Energiezufuhr sollten sich die Waage halten	Fette,Süßigkeiten Milch Fleisch,Fisch Gemüse,Salat Obst Getreideprodukte	Eiweiß Fett Kohlehydrate Ballaststoffe Wasser Vitamine/Mineralien
Mund (Zähne, Zunge, Drüsen), Speiseröhre, Magen, Zwölffingerdarm, Dünndarm, Dickdarm, Mastdarm, Leber, Bauchspeicheldrüse	Verdauung= Zerlegen von Fett, Eiweiß und Kohlehydrate in wasserlösliche Bestandteile.	Milch, Quark, Fisch, Fleisch, Sojabohnen....	Sie quellen im Darm durch Wasseraufnahme.
B. vergären restliche Nährstoffe; entziehen dem Nahrungsbrei das Wasser	Zerlegen der wasserunlöslichen Nährstoffe in wasserlösliche Bestandteile; Aufnahme dieser ins Blut	*meiden: schwer Verdauliches, Alkohol, aggressive Getränke, Nikotin, Stress * ballaststoffreiche Nahrung bevorzugen	Speichel, Galle, Magensaft, Bauchspeichel
Weigerung zu essen	Essanfälle und anschließendes Erbrechen	* ballaststoffarme Ernährung * mangelnde Flüssigkeitszufuhr * Bewegungsmangel	Durchkneten des Nahrungsbreis; Zerlegen von Eiweiß
- wandelt Stärke in Zucker um -macht Nahrung gleitfähig -reinigt Zähne	m: schiebt Nahrungsbrei weiter c: Geschmacksrichtungen feststellen	1.Baustein 2.Lösung von Nährstoffen 3.zur Wärmeregulierung	Body Mass Index Körpergewicht geteilt durch das Quadrat aus der Körpergröße
Leitungswasser Mineralwasser Kräuter-o.Früchtetee verd. Fruchtsäfte	Zahnfleischschwund Zähne und Zwischenräume sauber halten	Zahnfäule Säuren dringen in den Zahn und zerstören ihn	Schneidezahn: Abbeißen Eckzahn: Festhalten Backenzahn: Zermalmen